U0617080

通用航空机务维修技术丛书

通用航空器应急定位发射机使用与维护

陈　强　编著

西南交通大学出版社

·成　都·

图书在版编目（CIP）数据

通用航空器应急定位发射机使用与维护 / 陈强编著.

成都：西南交通大学出版社，2025. 6. -- ISBN 978-7
-5774-0453-0

Ⅰ. V525

中国国家版本馆 CIP 数据核字第 2025S8W950 号

Tongyong Hangkongqi Yingji Dingwei Fasheji Shiyong yu Weihu
通用航空器应急定位发射机使用与维护

陈强　编著

策 划 编 辑	罗小红　罗爱林　何明飞
责 任 编 辑	何明飞
责 任 校 对	左凌涛
封 面 设 计	GT 工作室
出 版 发 行	西南交通大学出版社
	（四川省成都市金牛区二环路北一段 111 号
	西南交通大学创新大厦 21 楼）
营销部电话	028-87600564　028-87600533
邮 政 编 码	610031
网　　　址	https://www.xnjdcbs.com
印　　　刷	四川煤田地质制图印务有限责任公司
成 品 尺 寸	170 mm×230 mm
印　　　张	12.25
字　　　数	194 千
版　　　次	2025 年 6 月第 1 版
印　　　次	2025 年 6 月第 1 次
书　　　号	ISBN 978-7-5774-0453-0
定　　　价	58.00 元

应急定位发射机（Emergency Locator Transmitter，ELT）是确保运行航空器及人员安全的重要机载应急设备，在121部运行的大型运输机、135部及91部运行的小型航空器、各类直升机上广泛安装使用。ELT作为民航法规要求强制安装的应急设备，在航空器遇险求救和定位搜救的行动中发挥着关键作用，为保全遇险航空器驾乘人员的生命安全起到不可替代的作用。马航MH370等重大航空器失联事件为民航安全管理和应急设备的发展提出了新的要求和考验，ELT系统也在升级发展以应对这些挑战，深入研究该体系及其安全应急设备的技术发展对拓展和推进国内相关技术的发展具有现实意义和安全价值。

本书对全球卫星搜救系统的概念和历史，包括我国参与国际搜救系统建设的情况进行了介绍，对遇险信标、搜救系统工作模式进行了阐述，帮助民航从业人员初步了解搜救国际体系及ELT标准和产品。我国虽然逐渐在该专业领域加深参与且地位逐渐提升，但基本没有技术主导权，且市场占有率为零，航空器ELT系统还没有"中国制造"。笔者也希望本书的研究为将来ELT设备国产化提供有益的知识积累，助力我国在该项设备制造领域实现零的突破，补上短板并助推民航强国建设。

本书根据中国民用航空飞行学院在应急定位发射机使用、维护和管理上的经验，基于我国民航规章，针对通用航空器ELT系统构型、技术特点、维护要点进行系统性介绍，对操作、检测、编码、安装拆卸以及管理的专业技术内容进行阐述，有助于通用航空飞行、机务等从业人员在实际工作中参阅，更好地使用和维护ELT系统，防控ELT非正常发射，确保通用航空器安全运行并具备满意的应急求救能力。此外，本书还可作为通用航空运行单位或145部维修单位的培训教材。

本书由陈强完成素材收集、研究分析和全书各章节编写。其中，黄进参与第 1 章的编写；包迪、肖青参与第 2 章的编写；秦逸参与第 3 章的编写；冯科参与第 4 章和第 5 章的编写；包迪、肖青参与第 5 章的编写。封面图片由王腾拍摄提供。编委们审校完成本书全文。两位顾问从本书筹备伊始就关心该项工作，对思路、计划和确保工作质量进行了关键性指导。

　　在局方持续推进三基建设和党建引领安全的各项事业中，中国民用航空飞行学院机务处电子专业团队秉持"提升维修技术能力，打造通航维修一流品牌"理念，将从工作实际出发，精心选题，继续研究和编写高质量专业培训教材，为学院和通航行业发展尽一份绵薄之力。本书的编撰还得到了所属辖区局方同仁的鼓励和指导，在此表示感谢。

《通用航空器应急定位发射机使用与维护》编委会

2024 年 10 月

目 录

应急定位发射机（ELT）也称为紧急示位信标（Emergency Locator Beacon）。随着民用航空业发展，ELT 设备作为民用航空器强制要求安装的机载应急系统，在民用飞机搜救行动中发挥着日益重要的作用。

当飞机失事或遇险时，机载 ELT 可通过不同的触发方式，在规定的频率上发射求救信号，协助搜救组织快速搜寻到飞机遇险地点，尽早对遇险人员实施救援，提高人员的生存率。随着技术的发展，ELT 相关技术也在不断进步，新的 ELT 产品有更强的性能、更广泛的适用性，能起到更好的搜救效果。

ELT 是 COSPAS-SARSAT 体系的一部分，脱离该体系单独谈 ELT 的应用是没有意义的。

1.1 COSPAS–SARSAT 系统

COSPAS-SARSAT 系统（常用缩写 C/S）是一个基于卫星的遇险信标警报通信系统，用于支持全球范围内的搜救（SAR）活动，所以也称为全球卫星搜救系统。C/S 系统利用航天器和配套地面设施，探测并定位搭载在船只、飞机及个人身上的紧急信标所发出的遇险信号，再将这些遇险警报信息（包括定位和信标注册信息）发送至相应的搜救机构。

1.1.1 C/S 系统的组成

C/S 系统由以下五部分组成：406 MHz 遇险信标、空间段、地面段本地用户终端、地面段任务控制中心、数据接收者的通信链路。

1. 406 MHz 遇险信标

C/S 系统支持的遇险信标有：

（1）应急定位发射机（ELT，用于航空器）。

（2）紧急位置指示无线电信标（EPIRB，用于船只的海上遇险信标）。

（3）个人定位信标（PLB，供个人在多种环境中使用的遇险信标）。

（4）船舶安全警报系统（SSAS）信标，用于在海盗、恐怖行为或其他对海上安全构成威胁的事件发生时使用。

其中，本书仅围绕 ELT 及其在通用航空领域内的应用进行研究和阐述。

每个授权使用 406 MHz 遇险信标的国家要么建立自己的信标注册库，要么允许带有其国家代码的信标在 C/S 系统运行的国际信标注册数据库（IBRD）中注册。对于每个信标，注册库应包含信标标识符、信标消息数据、携带信标的船只（航空器）信息、信标所有者和运营商的联系信息，以及紧急联系人信息。

2. 空间段

当前 C/S 系统的空间段包括以下航天器：

（1）低地球轨道搜救系统（LEOSAR），由相对低（800～1 000 km）的极地轨道卫星组成（5 颗）。

（2）中地球轨道搜救系统（MEOSAR），由高度约为 20 000 km、轨道倾斜于赤道平面的卫星组成，包括 Glonass 卫星（19 000 km，24 颗），GPS 卫星（20 000 km，24 颗），Galileo（23 000 km，24 颗）。

（3）静止地球轨道搜救系统（GEOSAR），由位于大约 36 000 km 高度的赤道轨道上的卫星组成（8 颗）。

C/S 系统中不同类型卫星对地的覆盖和可见圆（visibility circle）范围不同，可见圆半径及其覆盖地球表面百分比为：LEOSAR 卫星约 3 000 km 及 6%覆盖，MEOSAR 卫星约 8 000 km 及 33%覆盖，GEOSAR 卫星约 9 000 km 及 42%覆盖。

远期 LEOSAR 系统将被淘汰，未来 C/S 系统为 GEOSAR/MEOSAR 系统。

3. 地面段本地用户终端（LUTs）

C/S 系统中 406 MHz 信标信号的处理由地面段的本地用户终端（Local User Terminals，LUTs）执行。对于 C/S 系统使用的每个卫星星座，都配有一组专用的 LUTs。包括低轨本地用户终端（LEOLUTs）和静止地球轨道本地用户终端（GEOLUTs）。MEOSAR 系统在 2016 年宣布具备早期运行能力（EOC）。到 2022 年，中轨本地用户终端（MEOLUTs）的完全运行阶段的建设仍在进行中。在完全运行能力（FOC）阶段时，MEOSAR 系统也将拥有足够数量的 MEOLUTs，适当分布以提供全球覆盖。

每个 LUTs 都有一个或多个天线，用于跟踪相应的卫星，并接收这些卫星传输的下行链路信号。LUTs 通常能够无人操作；选择要跟踪的卫星以及跟踪可见卫星是完全自动化的，接收和处理来自卫星的数据也是自动完成。

LEOLUTs 通常包括一个跟踪 LEOSAR 卫星并接收来自它们的下行链路信号的天线，以及一个处理系统，用于提取信标信号并为每个信标生成独立位置。

每个 MEOLUTs 包括几个（至少 4 个，6 个以上更佳）天线，以便它能够同时跟踪几个卫星。MEOLUTs 带有一个处理系统，可以提取信标信号并计算信标的位置。

GEOLUTs 只需要一个指向选定 GEOSAR 卫星的固定天线。由于 GEOSAR 卫星的高度更高，接收到的信号质量不如 LEOSAR 或 MEOSAR 信号。

LEOLUTs 在每次卫星经过遇险信标所在的地理位置期间（相对较短）收集数据，并在经过结束后处理收集的每个遇险信标数据。GEOLUTs 和 MEOLUTs 有更长的观测时间，不断处理来自卫星的数据，并可以从一次或几次信标传输中生成解析结果。每个 LUT 完成其信标消息处理后，它将其生成的所有解析结果发送到其关联的 MCC 进行分发。

4. 地面段任务控制中心（MCC）

C/S 系统建立的数据分发系统由地面段 MCC 网络进行实现。虽然 MCC 配备了足够的人员，但是 MCC 接收、处理并自动分发遇险警报数据，在大多数情况下不需要操作人员干预。每个 MCC 的任务是接收关联 LUT（s）或来自其他 MCC 的警报数据，处理和分发到适当的警报数据接收者。每个 MCC 带有备份程序，以备 MCC 出错时维持系统运行。

C/S 系统负责生成遇险警报数据，并向与之相关的监管机构报告。对警报的响应，包括组织和进行随后的搜救活动，由被通知遇险事件的监管机构负责。

5. 与数据接收者的通信链路

卫星搜救系统向海上船舶和航空的用户，以及遇险人员提供免费和无歧视的应急求救通信服务，通过卫星链路为监管机构或其他相关机构传输警报和位置数据，以便开展搜救行动。

如图 1.1 所示，当一个 406 MHz 遇险信标①被激活时，就会调用系统，数据流如下：

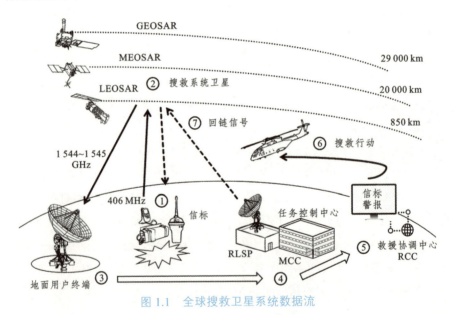

图 1.1　全球搜救卫星系统数据流

（1）遇险信标①传输一个 406 MHz 数字式无线电信号，该信号由 C/S 系统空间段的航天器（卫星设备）②接收。

（2）信号被重新传输（以 1 544.5 MHz 频率）到 C/S 系统的一个或多个本地用户终端（即地面站 LUT）③。

（3）地面站 LUT 提取信标信息，测量接收到的信号的时间和频率，并独立确定信标的地理位置。

（4）地面站 LUT 将其事故警报数据发送到其关联的任务控制中心（MCC）④。

（5）任务控制中心 MCC 将这些事故警报数据直接或通过 C/S 系统的数据分发网络中的另一个 MCC 发送到适当的搜救机构 RCC⑤。

（6）被通知到的责任机构随后根据其责任和权限采取搜救行动⑥，以响应事故警报信息，寻找并救援遇险人员。

C/S 系统遇险警报被发送到的适当目的地或机构可能包括以下一个或多个：

（1）负责信标所在搜救区域（SRR）的救援协调中心（RCC）。

（2）由负责 406 MHz 信标编码的国家当局确定的搜救联络点，这些信标编有其国家代码。

（3）注册了船舶安全警报系统（SSAS）信标的国家的主管当局，以解决导致信标激活的安全问题。

（4）与全球导航卫星系统（GNSS）相关联的回链服务提供商（RLSP），为具有回链服务（RLS）能力的激活信标提供支持。在这种情况下，RLSP 通过卫星导航链路⑦发送确认，并回传到信标。

（5）由国际民用航空组织（ICAO）负责、由欧洲航空安全组织运营的遇险飞机位置信息库，用于存储从 ELT（DT）遇险追踪信标接收到的信息，并进一步通知运营已激活遇险追踪 ELT 的飞机的航空公司。

对于正在工作的 ELT，其 121.5 MHz 信号可以最终引导救援队到达遇险飞机的地点。

1.1.2　C/S 系统的发展历史

C/S 系统最初是根据 1979 年苏联、美国、加拿大和法国之间签署的谅解备忘录建立的。第一份 COSPAS-SARSAT 谅解备忘录在 1979 年 7 月渥太华的一次会议上拟出，并于 1979 年 11 月在列宁格勒正式签署。随着时代发展，其组织形式也从早期的 4 个缔约国组织演变成为国际性组织。

该系统名称由两个缩写组成，首个缩写 COSPAS 是 Cosmicheskaya Sistyema Poiska Avariynich Sudov 的缩写，即"遇险船只空间搜索系统"，从西里尔字母"Космическая система поиска аварийных судов"转写而来。第二个缩写 SARSAT 是 Search and Rescue Satellite-Aided Tracking 的缩写，即"搜救卫星辅助追踪"。

1978 年，由苏联商船部建立 COSPAS 卫星系统，主要使用 406 MHz 技术。西方国家中，由加拿大通信部、法国宇航研究中心和美国航空航天局合作建立 SARSAT 系统，初建时 SARSAT 可以监测和定位 121.5 MHz 求救信号，并试验新的 406 MHz 技术。

1982 年，COSPAS 系统第一颗卫星发射，并且在第一颗卫星发射后 2 个月零 10 天时，在加拿大成功完成第一次实际救援，在坠机事故的第二天就搜寻发现了幸存者，显示了基于卫星的搜救系统巨大价值。1983 年，SARSAT 第一颗卫星发射。

1982 年 9 月开始的示范和评估阶段顺利完成后，法国国家空间研究中心、加拿大国防部、苏联商船部和美国国家海洋和大气管理局于 1984 年 10 月 5 日签署了第二份谅解备忘录。1985 年，COSPAS-SARSAT 系统宣布正式投入运行。

1988 年 7 月 1 日，提供空间段的加、法、美、苏四国签署了《国际 COSPAS 搜寻与援救卫星计划的协定》（International Cospas-Sarsat Programme Agreement, ICSPA），以促进国际搜救合作和保证系统长期运行。该条约还鼓励世界各国或组织机构加入，并在不歧视的基础上向所有成员国家和组织机构免费提供服务。1992 年 1 月，俄罗斯政府继承苏联在 C/S 系统中的责任和义务。

目前，C/S 系统有 45 个国家或组织的成员。加拿大、法国、俄罗斯和美国为 4 个缔约国和空间段提供国，30 个地面段提供国，9 个用户国，以及 2 个提供地面段的组织。中国、欧盟、印度和欧洲气象卫星组织通过协议方式提供星座设施为空间段作出贡献。

我国于 1992 年 9 月 15 日加入《国际 COSPAS 搜寻与援救卫星计划的协定》（见外交部网站公开数据）；于 1992 年 11 月 18 日成为系统用户国；1997 年 3 月 28 日之后成为系统地面段提供国；2022 年 11 月 14 日成为空间段贡

献国。1992 年 6 月 4 日中国香港（海事处）和 1998 年 6 月 28 日中国台湾地区 ITDC（台湾"中华电信股份有限公司"）以提供地面段的组织机构（ORGANISATIONS）身份加入系统（详见 C/S 系统文档 P010 "与科斯帕斯搜索救援卫星组织有联系或有贡献的国家和组织名单"）。

1.1.3　与 C/S 系统相关的国际组织

1. COSPAS-SARSAT 组织

作为国际组织，COSPAS-SARSAT 组织依据 ICSPA 协议第 7、8 和 9 条建立了理事会和秘书处。

1）COSPAS-SARSAT 理事会

理事会由 ICSPA 四个缔约国的一名代表组成。该理事会负责 C/S 系统实施的所有方面及拥有最终决定权。

理事会下设运行工作组（OWG）和技术工作组（TWG）两个工作组。最早，两个工作组分开开会，第一年之后两个工作组就合在一起开会，称为 COSPAS-SARSAT 联合委员会（JC）。联合委员会是一个咨询小组，它没有任何代表 COSPAS-SARSAT 组织作出决定或承诺的权力。

理事会认为必要时，可以设立其他工作组来处理在联合委员会的大型会议中可能过于复杂而难以处理的事项。

2）COSPAS-SARSAT 秘书处

秘书处是 COSPAS-SARSAT 组织的常设行政机构，协助理事会履行其职能。

2. 关联组织

COSPAS-SARSAT 组织有三个重要的股东/合作组织：国际海事组织（IMO）、国际民航组织（ICAO）、国际电信联盟（ITU）。

国际海事组织（IMO）是根据 1974 年《国际海上人命安全公约》设立（即 SOLAS 公约，起因为泰坦尼克号沉没事件）。公约附件Ⅳ、Ⅴ章规定了有关 EPIRB 信标和救援的内容。

国际民航组织（ICAO）是根据 1944 年 12 月 7 日《国际民用航空公约》

（芝加哥公约）成立的。公约附件 Annex6、Annex10、Annex 11、Annex 12 规定了有关 ELT 及救援的内容。因 2009 年法国航空 447 航班坠毁事件及 2014 年马来西亚航空 MH370 航班失联事件产生了提升民航飞机应急定位及搜寻能力的迫切需要，2015 年 ICAO 在全球飞行跟踪多学科会议上提出建立全球航空遇险和安全系统（GADSS）。COSPAS-SARSAT 组织为 GADSS 开发了遇险跟踪 ELT（DT），该类 ELT 可以在飞机运行时自动或手动激活。

国际电信联盟（ITU），最初称为国际电报联盟，成立于 1865 年。它在 1947 年成为联合国（UN）的一个专门机构。ITU 无线电规则分配 406.0～406.1 MHz 用于遇险信标向在轨卫星进行信号传输；分配 1 544.0～1 545.0 MHz 用于 C/S 卫星应急下行数据链路进行信号传输。

3. 规范性

COSPAS-SARSAT 组织和关联国际组织没有权利或强制力使其规定得到执行，只有各组织成员及政府层面制定了相关法律并得以执行，才能让国际组织的规定实际得到落实。

1.1.4　C/S 系统的贡献

C/S 系统是国际搜索与救援基础设施的重要组成部分，是搜索与救援行动的信息服务提供者。从 1982 年 9 月至 2021 年 12 月，该系统提供的数据在近 18 000 次搜索与救援事件中帮助和救援了近 60 000 人。到了 2022 年，由 406 信标触发的搜索与救援事件中，平均每天挽救的生命数量增加到了 10 人。

该系统正在不断地开发和增强，持续为全球民航、船舶等行业及其用户的安全作出贡献。

1.2　ELT 设备

1.2.1　ELT 设备分类

机载 ELT 包括以下种类：

（1）自动固定型 ELT-AF（AF 为 Automatic Fixed 的缩写）。

（2）自动便携式 ELT-AP（AP 为 Automatic Portable 的缩写）。

（3）自动展开型 ELT-AD（AD 为 Automatic Deployable 的缩写）。

（4）救生型 ELT-S（S 为 Survival 的缩写）。

（5）遇险触发型 ELT-DT（DT 为 Distress Triggered 或 Distress Tracking 的缩写）。

1. 自动固定型 ELT-AF

AF 型 ELT 作为机载设备永久安装在航空器结构上。其被设计为即使在坠机后也能保持系统连接和发射，以帮助搜救队伍定位坠机现场。AF 型是航空器装机 ELT 主流构型。

2. 自动便携型 ELT-AP

AP 型 ELT 既可以固定在飞机上（与 AF 型一致），也可以由坠机后的幸存者取下和携带。其被设计为将搜救队伍引导至幸存者所在地点，而不是坠机现场。AP 型 ELT 就近配备了一根备用天线，将 ELT 从机载安装架上取下并脱开飞机天线连接后，将备用天线装好，即可作为便携式 ELT 使用。例如，施瓦泽直升机安装有 ELT-AP（但该构型无须连接机身天线）。

3. 自动展开型 ELT-AD

AD 型 ELT 设计为固定安装在飞机上，但在检测到坠机后自动从飞机上脱离。AD 型 ELT 必须能够在水上漂浮，以便定位坠机现场。图 1.2 所示为某型水激活 AD 型 ELT，该 ELT 只要浸入盐性水中即可激活。

海水中
直立激活

ELT 外观

图 1.2　AD 型 ELT 图示

4. 救生型 ELT-S

S 型 ELT 设计为便携式，分为有浮力和无浮力两类，通过人工操作来激活。有浮力型带有水传感器用来自动激活。无浮力型可以安装在应急设备或救生筏上。例如，MA600 飞机装机有救生型 SLB406。

5. 遇险触发型 ELT-DT

DT 型 ELT 设计为通过内部或外部触发器自动激活。飞行中事件和判断触发的标准在欧洲民航设备组织（EUROCAE）规范 ED-237 中定义。

为避免再次发生马航 MH370 航班失联类似事件，C/S 系统开发 GADSS 体系并推进 DT 型改进为带有遇险追踪功能（ADT）的 ELT。ICAO 制定了相应规定，要求最大起飞重量超过一定标准的大型飞机或越洋航班，应将 AF 型改装为 DT 型，且飞机应具备定时发送位置信息的功能。通航小型航空器不涉及此类 ELT。

1.2.2 ELT 系统构型

本书以 AF 型 ELT 系统为主要研究内容，其构型如图 1.3 所示。

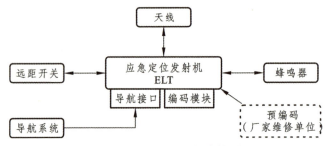

图 1.3 ELT 系统的基本构型

AF 型 ELT 系统的组成部件如下：

（1）远距开关（Remote Switch 或 Remote Control Panel）：远距开关安装在航空器驾驶舱仪表板易于飞行人员操作的区域。

（2）发射机（Transmitter）：发射机本体上带有一个开关和指示灯，可以激活和关闭 ELT 的发射。发射机内置 G 电门（一种感受冲击力的传感器）在航空器应急时可自动激活。

（3）天线（Antenna）：ELT 发射机需要连接安装在机身顶部的外部天线，以便无遮挡传输信号。

（4）蜂鸣器（Buzzer）：通过发出蜂鸣音提示人员，ELT 已激活。

（5）标签（Label）：典型的 ELT 标签包含型号、件号及序号（以及电池包件号）、电池的到期日期、TSO 标准号、软件版本号、警告提示、重量、开关操作图示、激活/复位/测试操作介绍、15 位 16 进制数字编码（HEX ID）等信息。

部分型号的 ELT 还配置有选装部件，根据航空器运行人的需求来选购使用。

（1）导航接口组件（ELT to Nav Interface），如图 1.4（a）所示。

（2）编码模块（Programming Adapter 或 Programming Dongle），如图 1.4（b）所示。

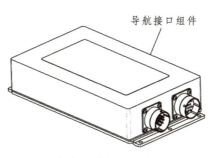

（a）导航接口组件

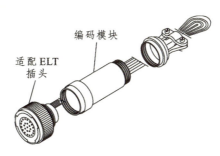

（b）编码模块

图 1.4　导航接口组件和编码模块

1.2.3 ELT 系统操作

以 AF 型 ELT 系统为例，其操作/工作模式有 4 种：预位、激活、复位和关闭。

（1）预位：当 ELT 远距开关处于 ARM 位，ELT 开关处于 ARM/OFF 位时，ELT 系统处于待机的预位状态。需要注意的是，内部 G 电门的回路跳线应同时正确安装。

（2）激活：机载 ELT 有三种激活操作方式，可以人工操作驾驶舱远距开关、ELT 发射机本体开关激活，运行中通过 ELT 发射机内置 G 电门在感受到航空器碰撞冲击力时激活。

（3）复位：机载 ELT 通过人工操作远距开关或发射机本体开关均可以进行复位操作。需要注意的是，如果操作不正确，或者 ELT 系统存在故障，可能存在复位后 ELT 仍在发射的情况。

（4）关闭：在运输 ELT 发射机或未装机时，ELT 发射机开关置于关闭位，内置 G 电门电路应处于未接通状态。

1.2.4 ELT 设备功能

1. 自动激活

机载 ELT 在飞机快速坠落时，内置 G 电门（实际为感受冲击力的传感器）感受飞机的纵向减速度，当大于设计值时（一般轻型飞机为 3g，大型飞机为 5g），G 电门自动接通并触发 ELT 发射。

2. 持续求救

ELT 被触发后，将持续发射 121.5 MHz 的标准应急音频信号至少 50 h，直到电池耗尽。同时每间隔 50 s 发射一个 406 MHz 编码数字信号，时长 440 ms（短报文）或 520 ms（长报文），一般持续发射 24 h，然后自动关闭。

3. 传输信号及编码

1）传输信号

每部 ELT 包含一个 15 位十六进制编码/识别码，其向卫星传输的数字信号包含以下部分或全部信息：

（1）ELT 序号（由设备生产厂商给定）。

（2）航空器国籍登记号（由所属国家指定）。

（3）国家代码（中国是 412 和 413）。

（4）位置坐标（如交联了机载的导航系统）。

相关数据也会进入 C/S 系统的注册数据库，包含以下信息：

（1）飞机型别和飞机注册号。

（2）用户地址和电话号码。

（3）备用的应急联系方式。

2）编码方式

C/S 规范规定了四个基本的编码方式（编码协议），运行人在向监管局方进行注册登记需填报编码信息。通过这些编码信息建立 ELT 与航空器的唯一对应关系。

（1）根据航空器注册号编码（Tail Number，T/N）。

（2）根据 ELT 序列号编码（Serial Aircraft Operator Designator，S/N）。

（3）根据国际民用航空组织（ICAO）指定的飞机 24 位地址码编码。

（4）根据运营人及自编号（Aircraft Operater Designator，AOD）。

上述缩写用于国外填报 ELT 编码信息的全英文表单。我国航空器填报 ELT 编码信息的表单见我国民航无线电管理规定。

4. 监控误发射

1）避免误发射的意义

无论什么原因导致的 ELT 误发射，都会对负责警报信息传递的国际组织和负责搜救组织的政府部门带来严重的负担，它耗费了公共资源，挤占和干扰无线电通信频道，可能使真实遇险的事件无法得到及时响应。假的航空器遇险（坠机）警报可能导致严重的舆情和不良的社会影响。

民航相关从业人员，特别是飞行人员、维修人员都应进行必要的培训，理解和认识到 ELT 误发射的严重性，提高对运行中 ELT 设备管理的重视程度。

对飞行人员的一般要求：一是要了解 ELT 发射的状态，熟悉 ELT 在驾驶舱远距开关的位置，掌握使用远距开关进行激活、复位的流程，避免不小心触动开关；二是应了解在硬着陆后或特技飞行的条件下，可能会激活 ELT 的情况，要有立即进行正确复位操作的思想预想；三是要及时报告误发射事件，避免影响扩大。

对维修人员（所有机械或电子专业）的一般要求：一是要熟悉机载 ELT 系统的构成和基本工作机制，了解 ELT 发射的状态，熟练掌握使用远距开关进行激活、复位的流程；二是在误发射事件发生后，应立即向上级（值班领导）进行报告，或根据工作程序向无委办、空管部门报告，避免影响扩大；三是需要认识到可能存在系统故障或其他原因，会导致复位不成功，应掌握进一步复位处置的技能。

2）监控 ELT 发射状态

（1）监控工作指示灯。

远距开关上有一个红色 LED 指示灯。此外，ELT 本机上也有工作指示灯。ELT 激活发射时，指示灯会规律性地点亮。

（2）监控蜂鸣器的声音。

ELT 激活发射时，蜂鸣器会发出特定的声音进行提示。

（3）监听 121.5 MHz 信号。

一是打开机载甚高频（VHF）通信电台，监听 121.5 MHz 频率。

二是准备接收范围能涵盖航空器通信频率的收音机，调至 121.5 MHz 频率进行监听。

1.2.5　ELT 工作频率

1. 概　述

当前 ELT 设备采用的工作频率是：

（1）121.5 MHz 频率用于搜索定位和救援工作，还可以供使用 117.975～137 MHz 频带内的航空移动业务电台进行遇险和安全无线电话的通信。

（2）243 MHz 频率用于营救器（如救生艇、救生筏）电台使用的频率，还可用于有人驾驶空间飞行器的搜索和救援工作。

（3）406～406.1 MHz 频带，是遇险信标对卫星方向发射的专用频带。

2. 早期频率及 121.5 MHz 的使用

早在 20 世纪初期，国际上就使用 500 kHz 的无线电频率作为海上通信的国际呼叫和遇险求救频率，并使用无线电设备发射 SOS 莫尔斯代码代表遇险和求救。随着商业航空的发展，在 19 世纪 20 年代之后，国际上确定使用"Mayday"语音呼叫来代替 SOS 莫尔斯代码呼叫。

1947 年，国际电信联盟为航空无线电通信分配了 VHF 频率，使用 121.5 MHz 作为国际紧急呼叫频率。国际电信联盟还使用 2 182 kHz 和 156.8 MHz 用于海上通信的应急频率（能进行语音通信），并在应急情况下允许使用 121.5 MHz 频率与航空器联系和通信。50 年代之后，由于晶体管的发明使无线电发射机逐渐小型化，并能自动生成和发射扫频音频（Sweep tone），当监听到扫频音频时即识别为遇险求救信号。1959 年，英国生产了第一个在救生筏上使用的 121.5/243 MHz 自动应急发射机。自此，121.5/243 MHz 频率成为主流使用的应急频率，不再使用 2 182 kHz 和 156.8 MHz 频率。

1972 年，美国发生了一起国会议员坠机事件，在长时间大规模搜索后也无法找到坠机。该事件导致美国法律强制要求民用航空器安装 ELT。FAA 规章随即要求当时约 15 万航空器在 1974 年 7 月之前装上 ELT，该政策也在加拿大、欧洲国家开始推行。

ELT 应急定位发射机成为小型航空器遇险求救信标的通用名称，另一个广泛使用的 EPIRB 设备是海上遇险信标。20 世纪 70 年代，全球工作在 121.5/243 MHz 频率上的遇险求救信标（包括 ELT、EPIRB 和 PLB）达到 25 万个。

但是自 1973 年 ELT 成为 FAA 强制要求安装的机载设备后，在实际使用中发现其可靠性差，触发率低于 30%，误警报率却高达 90%以上。这是由于当时 121.5/243 MHz 为模拟信号，设备功率低、覆盖不足。搜救部门收到信号后只能判断一个大范围内可能有飞机遇险，加上该频段容易受到干扰，使得救援很难缩小包围。

为解决 121.5/243 MHz 信号覆盖率问题，20 世纪 70 年代的苏联和西方国家均开始建设卫星系统用于搜救。在卫星上安装了 121.5 MHz 中继器用来兼容现有应急频率信号外，同时还开发了 406 MHz 和 1.6 GHz 频率方案。

困难依然存在，卫星系统不能对 121.5/243 MHz 频段上的求救信号和其他通信进行区分，大量虚假报警导致平均正确率只有 2%，给卫星救援系统带来沉重负担。这个阶段，C/S 系统通过低高度近极地轨道卫星和多普勒效应方法对信标进行定位，即 LEOSAR 卫星利用和信标之间的相对移动而产生的相位差进行计算后得到信标位置。但是 LEOSAR 不能实时传输求救信息，卫星飞过遇险信标上空和传输数据到地面系统均有时间窗口。而且使用多普勒效应方法会计算得到两个信标位置，一个真实的和一个镜像（假位置），需要增加卫星来排除掉镜像位置，系统成本很高。

1985 年，FAA 修订 ELT 技术标准规定为 TSO-C91A，提升了 ELT 设备性能和可靠性，使触发率达到 60%以上，误警报率低于 5%；后期 TSO-C91A 被取代和废止。

3. 使用 406 MHz 频率

早期卫星频率方案中，一个是在 LEOSAR 卫星上使用 406 MHz 频率，另一个是在 GEOSAR 卫星上使用 L 波段 1.6 GHz 频率。最终出于成本和可靠性考虑，406 MHz 在与 1.6 GHz 频率的比较中胜出，1.6 GHz 频率的卫星搜球服务于 2006 年 12 月 1 日停用。

为提高 ELT 的定位精度和定位效率，FAA 自 20 世纪 90 年代初发布了第一代 406 MHz 信标的技术标准规定 TSO-C126（取代 TSO-C91A），并于 1997年推出了第二代 ELT 信标，允许其利用飞机内部或外部的导航接收机加入飞机实时的位置信息。

为进一步符合搜救和安全需求，FAA 于 2019 年重新颁布了 TSO-C126C设计标准。符合标准的 ELT 被触发 50 s 后，将通过 406 MHz 每 50 s 发射一次 5 W 功率的更强更稳定的数字信号。

相比于 121.5/243 MHz 信标，406 MHz 信标除了拥有它们所有的功能之外，在传输频率稳定性的要求上有了专门的规范，并对专门设计用于 406 MHz信标的 LEOSAR 低高度近极地轨道卫星系统的性能进行了更大的改进，使406 MHz 发射机能提供更精确的位置，通常为 2 km，而 121.5 MHz 发射机一般为 15 ~ 20 km。当通过导航接口与飞机导航系统耦合，定位精度会提高到约 100 m，极大提高了搜救的快速反应能力和准确性。

鉴于此，ICAO 国际民航组织建议从 2008 年 7 月起，所有成员国的飞机上必须装有具备 406 MHz 的信标，并从 2009 年 2 月 1 日起，全球卫星搜救系统不再处理 121.5/243 MHz 的信号，121.5 MHz 信标仅用于地面监测和应急频道使用。

ELT 使用的 406 MHz 频率一般为 406.025 MHz 或 406.028 MHz，随着 ELT 设备的增多，考虑到频道容量的问题，不同的 ELT 可能会使用超过 406.028 MHz 的工作频率，如使用 406.037 MHz，具体详见 ELT 铭牌/标签。这些频率的分配由 C/S 系统根据每个指定频带的信标数量进行总体把握。

1.2.6　ELT 设备厂家

以下为国内通航机队使用的较为常见 ELT 制造厂商（品牌）情况。

1. ARTEX

ARTEX 目前是 ACR Electronics 公司的一个品牌。ARTEX 的历史可以追溯到 20 世纪 70 年代，是应急定位和通信设备的知名制造商之一。ARTEX 公司产品广泛应用于通用航空、运输航空及军用航空。其多样化产品线包括不同类型的 ELT 设备和卫星通信解决方案，可供不同运营人灵活选择。

ARTEX 公司的产品简述：

（1）飞机 ELT 系列：有 ELT 345、ELT 1000、ELT 3000HM、ELT 4000、ELT 4000HM、ELT 4000M、ELT 4000M HM、ELT 4000S、ELT 5000 等型号。部分型号具备内置 GPS 功能，能够在 406 MHz 频率上发送包含精确位置信息的数字信号。ELT 5000 是 ARTEX 的最新产品，它提供了下一代 ELT 遇险跟踪技术。

（2）直升机 ELT 系列：有 C406-1 HM 系列和 C406-2 HM 系列，专为直升机安装设计，能够在紧急情况下提供有效的定位信息。

（3）飞机天线：提供多种型号的飞机天线，有 110-320、110-323、110-328-01、110-333、110-337、110-337-11、110-338、110-340、110-341 等。这些天线设计与 ELT 系统配合使用，确保在紧急情况下信号的有效传输。

（4）ELT 测试与编码设备：ARTEX 还提供 ELT 测试仪、编码模块等各类配件，用于对 ELT 进行编码和测试。

ARTEX 产品的技术特点：

（1）三频技术：部分型号能够在 406 MHz、243 MHz 和 121.5 MHz 频率上发送信号。并使用相同的射频输出和一根同轴电缆传输三个频率，简化了安装和维护

（2）内置 GPS 导航接口：部分型号如 ELT 345 和 ELT 4000 系列，具备内置 GPS 导航接口，可以提供精确的定位信息，从而加快搜救响应时间

（3）碱性电池：某些型号如 ELT 4000M 采用了专利的碱性电池供电方案，避免采用不可充电锂电池须满足规章的特殊要求，减少了采购、安装和维护成本。

2. KANNAD

KANNAD 成立于 1986 年，早期专为船舶开发通信和定位设备，后来公司逐渐将业务扩展到了航空领域，专注于设计和制造 ELT 设备。KANNAD于 2009 年被 SAFRAN 集团收购，成为其子品牌，SAFRAN 集团通过其子公司 Safran Electronics & Defense 提供 KANNAD 品牌的 ELT 产品。KANNAD产品易于装机，易于编码，且环境适应能力强，广泛应用于固定翼飞机或直升机。

KANNAD ELT 产品简述：

（1）KANNAD Integra 系列：Integra 系列 ELT 创新使用了备用天线。其中，ER（N）型号将温度范围扩展到 − 40 ~ + 55 °C，且内置 ARINC 导航模块。

（2）KANNAD Ultima 系列：Ultima 系列是新一代的 ELT，符合 FAA 和EASA 对锂电池特殊条件的要求。Ultima-S 型号是为商业航空器设计的，重量较轻，电池寿命长达 6 年。具备三频发射能力。

（3）KANNAD Compact 系列：该系列 ELT 为轻量级设计，尺寸小巧且适用面更广。

（4）KANNAD ELT 406：基本型号的 ELT，具备三频发射能力。

3. EBC

Emergency Beacon Corporation（EBC）是一家设计、制造、销售和修理

用于搜索和救援的航空电子设备的公司,该公司产品集中于ELT及其零部件。EBC 公司是 Roanwell Corporation 公司的一部分。

EBC 公司成立于1968 年,很早就参与 ELT 制造及其行业标准制定。EBC 公司是具备美国 FAR145 部资质的维修中心,确保其产品满足严格的安全和性能标准。

该公司的一些主要产品:

(1)飞机 ELT:主要有 EBC 406AF、EBC 406AP 型号,适用于固定翼飞机安装。产品具有 406.028 MHz 和 121.5 MHz 工作频率。EBC 406AF 设计用于安装在飞机的机尾或尾翼部分,而 EBC 406AP 则设计用于安装在飞机的机舱或驾驶舱。

(2)直升机 ELT:有 EBC 406AFH、EBC 406APH 型号,专用于直升机安装。产品具有内置天线,无需外置天线。安装在机舱内且不需要远距开关。

(3)军机 ELT:EBC 公司为美国军方生产 EBC 406AFM、EBC406AFHM 等军机适用型号。

(4)电池包:如 GS-21、GS-52 碱性电池,GS-46 锂电池。

(5)天线:如 ANT-406RW、ANT-406B 及 ANT-406T。

1.3 ELT 系统的规章及标准

1.3.1 中国规章

我国关于 ELT 系统的规章及标准主要集中在运行和管理方面,体系和设备要求是民用航空器都适用和共通的,但涉及 ELT 在运输航空器上使用的具体规定请参阅 CCAR-121 部等规章。

1.91 部规章

中国民航 CCAR-91R4《一般运行和飞行规则》,相关条款见第 91.205 条"应急和救生设备",原文如下:

（j）除本条（m）款和（n）款规定的情况外，任何航空器应当按照下列要求配备应急定位发射机，并且其工作频率应当能同时工作在 121.5 兆赫和406 兆赫：

（1）任何航空器应当至少装备一台自动应急定位发射机；

（2）最大审定旅客座位数 19 座以上的航空器至少装备两台，其中一台须为自动的；

（3）对于实施延伸跨水运行的飞机，至少装备两台，其中一台为救生型应急定位发射机（可放置在救生筏内）；

（4）对于无人烟地区上空的飞行或者运行的航空器，至少装备两台，其中一台为救生型应急定位发射机。

（k）在下列情况下，应当对本条（j）款要求的应急定位发射机中所用的电池予以更换（或者充电，如果该电池可以充电），并将电池新的更换（或者充电）到期日期清晰可见地标记在发射机的外表：

（1）当发射机的累计使用时间已超过 1 小时；

（2）除在贮存期内基本不受影响的电池（如水激活电池）以外，当发射机电池已达到制造商规定的使用寿命的 50%时（或者对于可充电电池，则为其充满电后的有效使用时间的 50%时）。

（1）本条（j）款要求的应急定位发射机应当在上一次检查后的 12 个日历月内对下列内容进行再次检查：

（1）安装情况；

（2）电池的腐蚀情况；

（3）控制和碰撞传感器的操作；

（4）天线是否有足够发射信号的能力。

（m）不符合本条（j）款的飞机，可以进行下列运行，但调机飞行的飞机上不得载运除必需的机组成员以外的任何人：

（1）将新获得的飞机从接收地点调机飞行到安装应急定位发射机的地点；

（2）将带有不工作的应急定位发射机的飞机从不能进行修理或者更换的地点调机飞行到能进行修理或者更换的地点。

（n）本条（j）款不适用于：

（1）在机场 93 千米（50 海里）半径内进行训练的航空器；

（2）从事与设计和试验有关飞行的航空器；

（3）从事与制造和交付有关飞行的新航空器；

（4）从事空中喷洒农用化学品和其他物质飞行作业的航空器；

（5）经局方审定的用于研究和发展目的的航空器；

（6）用于证明符合规章、机组训练、展览、航空竞赛或者市场调查的航空器；

（7）运载不超过一人的航空器；

（8）符合局方规定的其他特殊情况。

以上可以看出，91 部规章明确了运行航空器对 ELT 的装机要求、更换电池和年度检查的要求，并提出了豁免安装 ELT 的适用条件。

2. 管理规定

1）民航无线电管理规定

机载 ELT 属于航空无线电台，应遵守国家及民航局所有有关无线电管理规定。

民航局空管办发布的 1990 年 5 月 26 日发布的《中国民用航空无线电管理规定》（CCAR-118TM），规定了民用航空器电台执照申请、颁发以及电台工作频率的相关要求。

空管办 2009 年 7 月 21 日发布现行有效的咨询通告《民用航空器电台管理表格及填写指南》（AC-118-TM – 2009-01）明确了办理电台执照的工作表格及相关信息填报指南。其中相关的附件表格及内容如下所示。

（1）附件一《民用航空器电台执照申请表》在向局方申请航空器电台执照时填写。应填报每个 ELT 的型号、序号、发射频率、发射类别、输出功率、电池有效期、ELT 编码、电台安装位置这七个关键信息。附件二为该表填写指南。

（2）附件七《民用航空器电台检查表（三）》（见图 1.5）在申请电台执照前检查电台时由无委办检查人员填写，除 ELT 基本信息外，还需要检查和填写 ELT 编码的国家代码，每个 ELT 对应的编码协议。其中我国航空器的国家代码固定为 412 或 413。附件八为该表填写指南。

应急示位发射机（ELT）（客/货舱内工作）					
类型	型号	序号	发射频率（MHz）		电池有效期至
固定			/	/	年　月
便携 1			/	/	年　月
便携 2			/	/	年　月
ELT编码 （15位 16进制）	固定		ELT编码的国家代码	固定：412□ 413□ 其它国家代码 □	
	便携1			便携1：412□ 413□ 其它国家代码 □	
	便携2			便携2：412□ 413□ 其它国家代码 □	
ELT编码协议	固定：发射机序号 □　注册号 □　航空器地址编码 □　营运人标识+序号 □				
	便携1：发射机序号 □　注册号 □　航空器地址编码 □　营运人标识+序号 □				
	便携2：发射机序号 □　注册号 □　航空器地址编码 □　营运人标识+序号 □				

图 1.5　民用航空器电台检查表（三）

（3）附件十一《民用航空器应急示位发射机（ELT）406 MHz 编码变更报告单》，要求在航空器变更 ELT 编码的时候进行填写和报送局方。附件十二为该表填写指南。

2）搜寻援救规定

民航局政策法规司 1992 年 12 月 8 日发布了《中华人民共和国搜寻援救民用航空器规定》。该规定是为了及时有效地搜寻援救遇到紧急情况的民用航空器，避免或者减少人员伤亡和财产损失而制定的，并且明确了搜寻援救的组织机构、准备、实施等要求。该规定适用于我国境内以及我国缔结或者参加的国际条约规定由中国承担搜寻援救工作的公海区域搜寻援救民用航空器的活动。

3）应急示位发射机管理规定

民航局飞标司于 2010 年 8 月 13 日发布的《民用航空机载应急示位发射机管理规定》（MD-TM-2010-004），是当前有效对 ELT 实施管理的依据。归纳其要点如下：

（1）加强 ELT 管理的目的和意义是，尽快对告警航空器进行定位、搜索和营救，保护遇险频率，避免误发射造成对航空无线电秩序造成干扰。

（2）禁止任何单位和个人在遇险工作频率上发射对遇险和安全通信产生有害干扰的信号。

（3）规定了对 ELT 进行实效测试发射的准备工作要求，实施测试的单位须预先以书面形式向测试地点所在地的民航地区管理局（飞行学院）无线电委员会报告。测试发射前，须先行收听，在确认没有其他正在发送遇险告警信号的情况下再进行测试发射。每次发射只能在每小时开始的第一个 5 min 内进行，且不超过 10 s。

（4）规定了在 ELT 编码与其对应的航空器发生变更时，应当在发生变更的下一个法定工作日内向局方无委办填报变更报告单。我国允许四种基本 ELT 编码方式/编码协议：

① 发射机序号。

② 航空器国籍和注册号。

③ 24 位航空器地址。

④ 航空器营运人标识符和一个序列号（数值范围为 0001 ~ 4096）。

（5）规定了运营人应当加强管理、培训、制定程序和应急措施；避免误发射及安全隐患。在发生误发射时，任何单位和个人应立即报告，采取有效措施进行消除。发生误发射的营运人应立即报告属地无委办。

此外，民航局沿用 C/S 有关规范，通过规范性文件的形式要求 ELT 编码中的国家代码应设置为 412 和 413。

4）其 他

民航局官网信息公开栏目可以搜索查询适航审定司发布的有效《已获批准的民用航空产品和零部件目录》，里面载有取得中国民航 VSTC 的 ELT 厂家及型号，以及已在国内完成某型航空器加改装某型号 ELT 获得的 MDA 证书信息。运行人计划对航空器 ELT 换型时可以参考，获得其他公司同类机型选型 ELT 的经验。

我国民航技术标准中相关的 CTSO 为 CTSO-C126b《406 MHz 应急定位发射器（ELT）》（2015 年 6 月 12 日）。

1.3.2 美国规章

出于通航维修的需要，美国 FAA 体系为行业提供了指南性质的技术文件，在维护通航飞机时可以参考其中的技术内容。注意如果有些规定和我国民航法规存在差异，应执行我国民航法规规定。

1. CFR 91.207

美国 CFR 91.207 Emergency locator transmitters 适用于美国国内民航对于 ELT 运行和装机要求、定期检查、更换电池要求、豁免安装条款等。

2. AC 91-44A

FAA 咨询通告 AC 91-44A "应急定位发射机及接收机的安装和检查程序" 是一份全面的 ELT 管理规定。该规定对于 ELT 背景和分类、安装评估、误发射、电缆安装、正确安装和测试、注意事项、参考文件有明确的阐述。其原则在 ELT 厂家手册以及本书各章节有所体现。该咨询通告在中国民用航空维修协会网站 "科普专栏-国外通用航空维修规章编译" 上提供有中文版本以供参阅。

3. AC 43.13-2B

FAA 咨询通告 AC 43.13-2B "可接受的方法、技术和实施-飞机改装" 提供了与 ELT 相关的改装指南。本章 "加改装指南" 部分引用叙述了部分内容。该咨询通告在中国民用航空维修协会网站 "科普专栏-国外通用航空维修规章编译" 上提供有中文版本以供参阅。

1.3.3 设备标准

1. TSO 标准

TSO（技术标准）是 FAA（美国联邦航空管理局）对民用飞机上使用的材料、部件和设备规定的最低性能标准。FAA 的 TSOA 即为设计和生产标准。我国民航对具体某项 TSO 认可后，制定相同编号的 CTSO 标准。

1）TSO-C91

早期 ELT 根据美国 FAA 技术标准规定 TSO-C91 设计生产。1985 年，FAA 修订技术标准规定为 TSO-C91a，符合该标准生产的 ELT 性能和可靠性提高，误警报率大幅降低。

2）TSO-C126

FAA 于 1992 年发布 TSO-C126，制定了 406 MHz ELT 性能标准，随即 TSO-C91a 标准被撤销。各国民航规章也相应限制，TSO-C91a 生产的 ELT 逐渐被淘汰。

目前最新有效的是 TSO-C126c，于 2019 年 3 月 7 日发布，相关信息如下：

（1）基本要求：对新型 406 MHz ELT 必须符合 RTCA/DO-204B 第 2、3、4 节的要求。制造商在申请 TSO 前必须获得 Cospas-Sarsat 型号批准证书。ELT 必须包含 121.5 MHz 归航信标工作频率。

（2）功能认证要求：在 RTCA/DO-204B 第 5 节规定的测试条件下证明所需功能性能。

（3）环境认证要求：在 RTCA/DO-204B 第 4 节规定的测试条件下证明所需性能。

（4）软件认证要求：如果设备包含软件，应按照 RTCA/DO-178C 或 DO-178B 开发。

2. RTCA 标准

成立于 1935 年的航空无线电技术委员会（RTCA），作为标准开发组织，开发全面的、经过行业审查和认可的技术性能标准和使用标准的运营环境建议。这些标准可以为符合各国民航规章提供技术手段。

1）DO-204A

RTCA 于 2007 年 12 月 6 日发布了《406 MHz 紧急定位发射器（ELT）的最低操作性能标准（MOPS）》（DO-204A）。举例来说，DO-204A 第 3.1.8 节对 ELT 安装提出了以下要求。

（1）ELT 装置应安装在飞机的主要承载结构上，如桁架、舱壁、纵梁、翼梁或地板梁（非飞机蒙皮）或符合特定试验要求的结构上。

（2）当在最灵活的方向上向支架施加 450 N（100 lb）的力时，支架的最大静态局部变形应不大于 2.5 mm（0.1 in）。变形量的测量应与飞机其他部分相比较，距离安装位置不小于 0.3 m（1 ft）且不大于 1.0 m（3 ft）。

2）DO-182

RTCA 于 2012 年 5 月 10 日发布《应急定位发射机安装及性能》（DO-182），其第 6.2.2.b 节提出如下建议。

（1）为了最大限度地提高 ELT 在碰撞后传输可检测信号的概率，所有 ELT 系统部件（必须在碰撞中完好无损地存活下来，如发射机和外部天线）应以这样的方式连接到机身上，即连接系统可以支持通过部件（ELT、天线等）的重心在飞机三个主轴的正负方向上施加的 100g 载荷（ELT 重量 ×100、ELT 天线重量 ×100 等）。

（2）碰撞后 ELT 系统的关键部件，如发射机和外部天线，应尽可能靠近彼此进行安装。

（3）天线同轴电缆不应穿过任何机身连接段，ELT 和天线位于飞机的同一部分，并尽可能靠近。

（4）如果 ELT 和外部天线位于机身连接段两侧，则应使用能够支撑 100g 负载（ELT 重量 ×100）的系绳将部件彼此固定。天线至 ELT 接头的电缆两端应有足够的松弛度，使其不会承受任何拉伸负载，并应松散地系在系绳上。

3. ICAO 规范

国际民航公约附件 10《航空电信》包含了与航空通信、导航和监视系统有关的标准和建议措施、航行服务程序和指导材料。其中第 Ⅲ 卷第 5 章提出了 ELT 相关规范。

例如，其 5.2.1 节规定了对于 121.5 MHz 技术特性的要求，举例如下：

5.2.1　技术特性

5.2.1.1　ELT 应工作在 121.5 MHz，频率偏差不能超过 ±0.005%。

5.2.1.2　当天线处于正常工作条件和高度时，ELT 的辐射为水平面上全向的垂直极化波。

5.2.1.3　在零下 20 摄氏度连续工作 48 小时期间，峰值有效辐射功率（PERP）在任何时候不得不小于 50 mW。

5.2.1.4　发射类型为 A3X，也可以使用符合 5.2.1.5、5.2.1.6 和 5.2.1.7 要求的任何其他调制方式，但不能降低归航（HOMING）设备对信标的定位精度。

注：有些 ELT 除了 A3X 的发射类型外，还有可能装备可选的话音功能（A3E）。

5.2.1.5　载波的调制方式为调幅方式，调制度不得小于 0.85。

5.2.1.6　经过调制后的载波占空比不得不小于 33%。

5.2.1.7　应使用音频信号对载波进行幅度调制使发射获得独特的音频效果，音频频率在 1600 到 300 Hz 范围内，以不小于 700 Hz 频率范围向下扫频，扫频的循环周期介于 2 Hz 到 4 Hz 之间。

5.2.1.8　2000 年 1 月 1 日之后，辐射信号中必须包含明确定义的载波频率，并严格区别于调制的边带部分，具体来讲，在任何时候应该至少有 30% 的功率集中在 121.5 MHz 载波频率的 ±30 Hz 范围内。

1.3.4　加改装指南

出于满足法规、成本及性能需求，用户需要对航空器 ELT 升级或换型。这类工作属于航空器加改装及设计更改的范畴。目前，局方认可依据行业标准实施维修工作（包含设计更改），因而对于 ELT 此类通航的简单、独立电子系统的改装，可以参考美国民航咨询通告 AC43.13-2B 等咨询通告提供的方法来进行加改装工程设计，编制加改装方案。

但要注意，一是各类咨询通告均有适用范围，如 AC43.13-2B 适用于小型航空器及其非增压部分。不能不评估研究就引用不恰当的咨询通告作为设计加改装方案的依据；二是营运人或运行人应严格落实航空器加改装方案报局方审批的要求。例如 CCAR-91R4 规章 91.207 第（e）条款规定"当对航空器及其部件实施设计更改时，应当按照 CCAR-21 部的规定获得局方的批准或者认可。"

1. 航电设备安装指南

1）评估提示

（1）安装应遵守飞机和设备制造厂家的手册或说明。

（2）改装前必须评估对航空器设计和操作的影响。

（3）一般应使改装对航空器的设计或操作影响很小。必须考虑所有潜在的影响因素，或独立评估每个影响因素。

（4）评估加改装对重量和平衡或结构负载的影响。评估电磁干扰（EMI）的影响。

（5）在评估影响因素时，考虑安装前后的状态。如果之前在位置安装了大小和重量相似的物体，则可能不需要进一步分析重量和平衡。如果之前已经证明安装点可以支持特定负载，并且正在安装相同或更小的负载，则可以参考之前的分析。（引用数据和进行计算有时候是必要的。）

（6）当必须制造或加固结构时，参考美国 AC 43.13-1B "可接受的方法、技术和实践-飞机检查和修理"。

（7）电源负载分析：分析加改装系统不会超出电源系统的总负载。

（8）确保电缆或电线不会干扰航空器的飞行、发动机或螺旋桨控制等重要系统。

（9）对拆下旧系统的设备进行称重，以便计算改装后的重心。

（10）评估重量和平衡可以参阅美国 AC 43.13-1B 和 FAA-H-8083-1《飞机重量和平衡手册》。

2）评估要素

（1）一般因素。

① 有适当的空气流通以确保适当的冷却，散热良好。从部件是否易燃评估风险。

② 和航空器现有部件、结构保持适当的间隙，防止碰、磨等机械损伤。

③ 防止预期可能出现的任何液体或烟雾，避免损坏飞机或伤害乘客。

④ 识别加改装对航空器及其系统的任何干扰（环境或操作性的）应最小化。

⑤ 航空器的飞行特性没有改变，除非适当识别并且变化在认证设计限制范围内。

（2）结构考虑因素。

① 必须考虑安装的结构要求（参考美国民航咨询通告 AC43.13-2B 第一章）。

② 对切口的更改必须评估以保持结构完整性，如仪表板上开切口。

③ 必须确定负载在支撑结构的设计限制范围内。

④ 飞机中的仪表板以及其他面板可能是结构性或非结构性的。结构负载必须充分转移到航空器的主要结构件上。

⑤ 可以使用美国 AC43.13-1 中描述的方法对现有结构进行加固或加强。

3）电气系统的安装和设计

（1）安装电气系统或组件时，需要考虑电气负载、适当的功率分配电路和可用的功率容量。

（2）可用于驱动电气系统的航空器总能量被称为航空器的容量。它包括可用的储存能量和生成能量。这会根据飞行阶段或操作类型而变化。

（3）航空器的关键分配电路需要包含适用法规要求的额外容量和电路保护。分配系统的设计应适用于减负载程序，其设计包括电路保护、导线选择、接插头和开关、导线布线及其支撑、必要的标识。

（4）布线安装：使用经批准的设计。适当保护布线免受燃料、油、水、其他有害物质、氧气系统和磨损损害的方式进行安装。

（5）电源：正确的电源保护装置、接头。

（6）保护装置：足够保护的断路器或保险丝并标识，且方便飞行中由飞行人员操作复位或更换保险丝。如针对无线电系统的控制，应提供每个系统独立操作的能力，并清楚地标记以便清晰地识别其系统功能。

（7）电线束与易燃流体管线的隔离：物理上将无线电电线束与含有油、燃料、液压油、乙醇或氧气的管线或设备分开。将无线电电线束安装在易燃流体管线上方，并牢固地夹在航空器结构上。在任何情况下，无线电电线束都不得夹在含有易燃流体的管线上。

（8）电缆防振装置。使设备在正常运动时不会对电线束或机械电缆造成拉力或损害。

（9）无线电接地。为了低阻抗接地并最小化静电电荷引起的无线电干扰，应注意：一是尽量保持接地跳线尽可能短；二是接地表面最佳接触（电阻低于 0.003 Ω）；三是避免使用焊料来连接接地跳线，推荐使用夹具和螺丝；四是对于铝合金的接地，使用铝合金或镀锡或镉镀铜跳线，在钢部件上使用黄铜或青铜跳线；五是当不同金属之间的接触无法避免时，应涂上一层保护涂层，以最小化电偶腐蚀。

4）电气负载分析

为防止加改装导致的航空器电源系统过载，应进行电气负载分析以确定系统可用功率是否足够。无线电设备必须在滑行、起飞、慢速巡航、正常巡航和着陆操作条件下，在整个电压范围内都能满意地工作。计算最不利操作条件下的电气负载分析，如处于夜间运行或仪表飞行状态下。

5）电磁兼容性分析

电磁干扰（EMI）可能会干扰系统的性能，并具有不同程度的后果。这些后果可以被识别为无安全影响、轻微、重大、危险或灾难性。电磁兼容性分析和测试的目的是确保加改装设备不会干扰任何现有航空器系统功能，并且现有系统也不会对新设备造成任何干扰。

应开展充分且必要的现场 EMC 测试来验证加改装后的航空器电磁兼容性。不建议测试中使用地面电源，以避免地面电源输出质量不佳带来的影响。

6）功能危害评估（FHA）

（1）通过功能危害评估来完成确保设计防护的基本分析。

（2）涉及执行关键功能或包含高度集成的复杂设计、使用新技术或传统技术的新颖应用的系统或设备的更改，必须进行评估，以确定故障条件的严重性。

（3）评估对安全影响的关键系统或非关键系统。

（4）确定设备在操作时是否有任何不可接受的不利影响。

（5）确定安装的设备的操作是否对非关键安全操作的设备有不利影响，并且是否存在一种方法来通知飞行员这种影响。

（6）确定安装的设备故障或故障是否可能导致不可接受的危险。

2. 天线安装指南

以下内容参考美国民航咨询通告 AC43.13-2B 第三章天线安装。

1）结构支撑

（1）天线的结构负载应考虑飞行过程中发生的力量（动态载荷）以及飞机静止时发生的力量（静态载荷）。计算方法引用美国民航咨询通告 AC43.13-2B 第一章相关内容。

（2）应将天线尽可能安装在平面上。轻微的飞机蒙皮曲率可以通过使用适当的垫片来适应，但如果基板和安装表面之间出现超过 0.020 in 的间隙，则建议采用鞍形垫板。

（3）天线系统需要安装在接地平面上（即安装在导电表面上），否则会影响天线性能。

（4）绝不能过度拧紧安装螺丝，避免扭曲航空器结构来减少安装间隙。

（5）考虑颤振、振动特性和阻力负载的因素。可以通过以下公式估算天线产生的大致阻力：

$$D = 0.000\ 327AV^2$$

式中　D——天线的阻力，lb。

　　　A——天线的迎风面的面积，sq ft。

　　　V——航空器飞行的极限速度（V_{NE}），mile/h。

举例：某天线正面面积为 0.135 sq ft，飞机飞行的极限速度是 250 mile/h，则天线阻力为

$$D = 0.000\ 327 \times 0.135 \times （250）^2$$
$$= 0.000\ 327 \times 0.135 \times 62\ 500$$
$$= 2.75\ lb$$

（6）当航空器的运动和天线的方向不一致时，可以通过替换迎风面积值 A 来调整上述公式，以确定侧面负载力。

2）位置与干扰

（1）天线应安装在不会干扰航空器操作或其他飞机系统的地方。例如安装天线如果阻挡了导航位置灯或信标的可见性，则是错误的。

（2）天线应安装在不会阻碍或限制空气流向航空器结构需要空气流的区域的位置。应小心确保天线不会被发动机排气的热量、电池通风口的烟雾或燃料/液体排放的热量所损坏。

（3）天线上结的冰可能会飞离并打伤天线后面的区域。由于天线可以改变气流特性，所以特别要注意接近机身的皮托管静压孔、传感器和接近飞行操纵的区域。

（4）天线应该安装在一个不容易误操作而导致损坏的位置，例如靠近某舱门可能被误认为是手柄。

（5）天线所在位置对信号的发射和接收而言应没有遮挡。ELT 天线应垂直指向天空。

（6）天线尽量与可能的干扰源（如其他辐射的天线，点火噪声源等）隔离。

（7）根据经验，天线之间的最小距离应保持在 36 in，或参考厂家要求。

（8）天线的安装位置应使天线和设备间的电缆长度最短。

3）天线搭接线

（1）不正确的天线搭接可能导致覆盖区域的信号失真和完全丢失。

（2）天线与航空器蒙皮的电搭接最好方法是天线基座与金属蒙皮之间通过金属与金属直接的接触来实现，它们之间的电阻应不超过 0.003 Ω。

（3）提供另一种将天线电搭接到航空器金属蒙皮的方法是，通过天线的安装螺丝与机体内的金属垫板连接，利用金属蒙皮的背面实现电搭接。

（4）用于覆盖飞机的复合材料或蒙皮不会提供导电的安装表面，一般需要制造导电的表面（接地平面）并将固定螺丝连接到该表面上。

（5）天线的性能会由于天线接地平面黏结处湿气的累积而导致严重的恶化。可采用室温硫化的材料来密封天线黏结处的边缘；但是，在使用任何密封胶之前，始终确保密封剂与材料的化学相容性。

4）馈线平衡转换器（BALUN）

（1）天线电缆（电气馈线）可能被设计为电气平衡或不平衡。

（2）平衡-不平衡转换器是一种将不平衡馈线转换为平衡输入的装置，可能包括一个变压器，用于匹配馈线阻抗以提供最大的信号传输。当需要使用该装置时，应按照厂家程序执行。

5）电磁干扰（EMI）

天线的安装位置必须是尽可能远离电磁干扰源的位置。在特殊情况下，可以使用电磁屏蔽网或特殊设计的天线来抵抗电磁干扰。

6）天线修复

咨询通告不允许对天线涂装或增加保护涂层。涂料具有射频去调谐的作用。如果天线外部被涂装，涂料的类型和涂层的厚度会影响天线性能且其变量不受控制，可能导致天线不再满足其规格和技术标准规范（TSO）。

第 2 章

ARTEX 应急定位发射机

2.1 ME406

2.1.1 概 述

ME406 是一种适用于通用航空器的 ELT 型号，其安装组件与 ARTEX 旧款 ELT200，以及 ACK、Pointer 3000 和 Narco ELT 兼容。对于旧款 ELT 采用的远距开关及其电缆可以在改装时复用，因此升级 ME406 成本较低。

ME406 的工作频率为 121.5 MHz 和 406.028 MHz，仅需一条同轴电缆即可连接至外部天线。在飞机事故或遇险碰撞时，ME406 自动激活，在 121.5 MHz 频率上发射标准的应急扫频音频信号；并且每隔 50 s 在 406 MHz 频率上发射 440 ms 数字脉冲信号。ME406 发射机可以按长报文、短报文进行编码。

在环境适应性方面，ME406 按照 DO-160E 标准设计，能够在较为极端的温度和高度环境下正常使用。正常工作的温度范围为 – 20 ~ 55 ℃，发射机及备件的存储温度范围为 – 55 ~ 585 ℃，工作高度可达 55 000 ft（约 16 764 m）。

ME406 在 406 MHz 频段的输出功率为 37 dBm ± 2 dB（约 5 W），工作时间不少于 24 h。ME406 在 406.028 MHz 频率上精度为 ± 1 kHz，信号的定位准确性较高。

ME406 产品带有多种型号和配件，包括 ME406HM 及其选装的鞭形天线或杆形天线等组件。

1. 组　成

典型的 ME406 系统组成包含 ELT 发射机、安装支架、远距开关、外部天线、蜂鸣器。

2. 系统组件

1）发射机

（1）本体。

ME406 发射机本体内部带有一个用于感受冲击减速度而触发的 G 电门。发射机端头面板上，装有一个 ARM/ON 两位开关，一个红色 LED 指示灯，一个 D-SUB 插座，一个 BNC 同轴电缆插座，如图 2.1 所示。

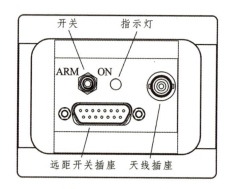

图 2.1　ME406 面板

（2）支架。

ME406 本体具有能抗高负荷冲击、耐火的聚碳酸酯塑料材质外壳，并安装在类似材质的支架中。ELT 组件及其安装框架组件能够承受极其恶劣的环境，并且已经通过了 C/S 系统认证所要求的严格环境测试。

ME406 有两种安装支架，一种为魔术贴带扣类型，另一种是金属锁扣类型，如图 2.2 所示。由于魔术贴带扣类型的支架可能会发生失效且无法正常自动激活的情况，按照相关规范，以后将只能使用金属锁扣类型的支架。

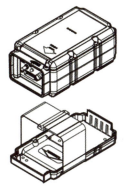
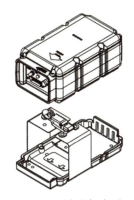

（a）魔术贴带扣类型　　　　（b）金属锁扣类型

图 2.2　ME406 的两种支架

（3）G 电门。

连接 ELT 一侧 DB15 线束插头的引脚 5 和 12 之间安装有连接跳线，用以接通 ELT 内部 G 电门回路，启用自动激活功能。插头在未安装到 ELT 上时，G 电门回路始终开路，即使掉落、振动也不能自动激活 ELT 发射，以避免 ELT 在地面维修和运输中的误发射。

2）远距开关

驾驶舱安装的远距开关面板包括 ARM/ON 双位控制开关和红色 LED 指示灯。远距开关具备 ELT 的手动激活和复位两个功能，如图 2.3 所示。未激活时 ELT 始终处于预位，远距开关没有在驾驶舱禁用 ELT 的功能。

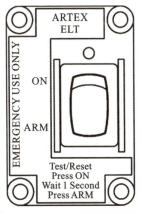

图 2.3　ARTEX 典型远距开关

3）外部天线

ME406 系统采用单天线设计。ME406 可搭配 110-338 杆形和 110-773 鞭形两种天线（见图 2.4），飞机厂家或用户会根据飞机配置、速度及其他因素的考虑来确定。

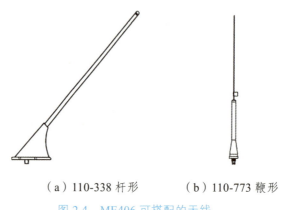

（a）110-338 杆形　　　　　　（b）110-773 鞭形

图 2.4　ME406 可搭配的天线

4）蜂鸣器

当 ELT 启动时，蜂鸣器（见图 2.5）会发出类似警报器的声音。蜂鸣器在 ELT 发射时，与红色 LED 指示灯同时工作。根据 TSO C126a 标准，蜂鸣器由 ELT 供电，不依赖于飞机电源工作。蜂鸣器的在 ELT 发射 12 h 后，发出的蜂鸣声会更加急促。

图 2.5　蜂鸣器

5）电池组件

ME406 使用的电池组件由两个串联的二氧化锰锂电池组成（见图 2.6），符合 TSO C126。为防止电池被充电，每个电池线路上均装有二极管和保险丝，同时保险丝还对短路进行防护。

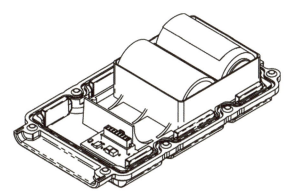

图 2.6　ME406 的电池组件

6）导航接口

ME406 通过交联 ME-232 和 ME-183 导航模块，可以从机载导航设备获得 GPS 位置数据。使用导航模块，ME406 必须按长报文格式进行预编码。

导航模块的特点：

（1）体积小重量轻，适配 ME406。

（2）导航模块几乎适用所有通航 GPS 设备，在于符合 NMEA 0183 协议、航空协议这两种通用协议。ME-232 导航模块可以兼容两种协议，而 ME-183 导航模块只能兼容 NMEA 0183 协议。

导航模块的使用限制：

（1）如果从 GPS 设备到导航模块的数据丢失，根据 C/S 系统规范，导航模块只保留最后已知的位置数据 60 s。ELT 只有在 60 s 内激活才能接收到并正确的发射位置数据。如 ELT 在导航模块的数据丢失后激活，ELT 发射机发射的数据中不包含位置数据。

（2）导航模块需要连接航空器电源，并可靠接地。

3. 规格参数

ME406 满足各类规章规范见表 2.1。

表 2.1　ME406 机载 ELT 规格参数

规格	参数/性能
频率及精度	121.5 MHz：±6.075 kHz。 406.040 MHz 或更高：±1 kHz
调制	406 MHz：Biphase L（G1D）二进制相移键控。 121.5 MHz：调幅 A3X
输出功率	406 MHz：3.2～7.2 W（37 dBm±2 dB）PERP 或 EIRP，−20～+55 ℃ 持续 24 h。 121.5 MHz：至少 50 mW（17 dBm）PERP，−20～+55 ℃ 持续 50 h；或 100 mW（20 dBm）EIRP，−20～+55 ℃ 持续 48 h
占用带宽	406 MHz：最大 20 kHz。 121.5 MHz：最大 25 kHz
杂散发射	406 MHz：按 RTCA/DO-204。 121.5 MHz：按 CFR Title 47（FCC），Part 87
天线接口	BNC 母头
自动激活	G 电门：（4.5±0.5）ft/s（2.3 g）。 辅助 G 电门（HM 型）：12 g
电池/寿命	锂锰电池，电压 6.0 V，容量 11.1 A·h/5 年
工作温度	−20～+55 ℃
存储温度	−55～+85 ℃
重量	ELT 组件（含电池、支架）：1.95 lb（0.8 kg）
尺寸（长宽高）	ELT 组件（含电池、安装套件）：6.60 in×3.69 in×2.86 in（168 mm×94 mm×73 mm）
软件	符合 RTCA/DO-178B，D 级
天线（按空速）	杆形（110-338）（<350 KTS）；鞭形（110-773）（<200 KTS），单天线接口

2.1.2　功能与操作

1. 预位（ARM）

ME406 在机载正常使用时，应处于预位状态，体现在驾驶舱仪表板远距开关置于 AR 位并且同时 ELT 发射机开关置于 ARM 位。

预位状态是一种待机状态，在航空器运行期间，机载 ELT 系统必须置于预位状态。

2. 激活（Active）

ME406 系统通过以下方式激活：

自动激活：飞机运行时，ELT 发射机开关处于 ARM 位，且驾驶舱远距开关处于 ARM 位时，机载 ELT 系统处于待机模式。当飞机发生事故或碰撞时，触发内部 G 电门，自动激活 ELT 发射信号。运行中，还可能由于航空器的剧烈机动或硬着陆（超过 2.3 g），会自动激活 ELT 发射机。

人工激活：一种方式是人工操作驾驶舱远距开关于 ON 位；另一种方式，是操作 ELT 发射机上的开关于 ON 位，均可激活 ELT 发射。在地面维护检查时（需要正确配置跳线），可以用力甩动 ELT，以人工触发 G 电门使 ELT 激活发射。

ELT 还可能意外原因导致激活（误发射）。发现误发射应尽快处置复位。

ME406 激活工作时，红色 LED 灯会正常闪亮。

3. 复位（Reset）

ELT 可采用以下两种方式进行复位：

方式一：将远距开关扳至 ON 位，等待大约一秒钟，然后将其扳回 ARM 位。如果远距开关已经处于 ON 位，则将其直接扳回 ARM 位。

方式二：通过将 ELT 发射机上的开关扳至 ON 位，等待大约一秒钟，然后将其扳回 ARM 位。如果 ELT 发射机开关已经处于 ON 位，则将其直接扳回 ARM 位。

需要注意，复位后驾驶舱远距开关和 ELT 发射机开关都应处于 ARM 位，如果两个开关中任一开关还处于 ON 位时，则 ELT 不能复位。复位后，通过监听 121.5 MHz 频率来确认 ELT 已停止发射。

4. 自检（Self-Test）

ME406 系统可以通过驾驶舱远距开关、发射机面板上的开关来启动自检。

1）远距开关启动自检

ME406 系统采用 5 线两位远距开关，有 ON 和 ARM 位，自检操作为：将远距开关置于 ON 位约 1 秒钟，然后再扳回至 ARM 位。

LED 灯每隔 1 秒稳定闪烁 1 次，表示 ELT 系统正常。如果系统自检发现故障，会通过多次闪烁错误代码，具体见排故表。

2）ELT 开关启动自检

ME406 开关为两位开关，有 ON 和 ARM 位。自检操作为：将开关置于 ON 位约 1—2 秒钟，然后再扳回至 ARM 位。

LED 灯每隔 1 秒稳定闪烁 1 次，表示 ELT 系统正常。如果系统自检发现故障，会通过多次闪烁错误代码，具体见排故表。

3）复位自检

ME406 系统设计为，在 ELT 激活之后再进行复位操作时，会启动自检。

2.1.3 安 装

ME406 安装支架有尼龙绑带和金属锁扣两种固定方式，以便于快速拆下 ELT 发射机进行维护或更换。

航空器原装机 ME406 设备拆装比较简单，以下介绍在 ELT 系统初始安装时的工作内容。

1. 安装位置

确定 ELT 发射机安装位置要遵循以下原则：

（1）ELT 要选择靠近航空器尾部的位置，有利于航空器在事故或碰撞之后大概率减小损伤 ELT 的可能性，且有利于维护时的接近和拆装。

（2）结构强度的考虑：安装位置处的航空器结构必须坚固，如不能直接将 ELT 安装在飞机蒙皮上，蒙皮在 ELT 重量的作用下会产生变形和振动，导致结构受损。

（3）避免腐蚀环境的考虑：安装位置处应避免选择容易暴露于（没有保护）腐蚀性化学液体（如除冰剂）的地方。在化学液体长期作用下，可能导致 ELT 外壳和安装组件的开裂和断裂，并造成电气连接腐蚀。

（4）避免干扰的考虑：ELT 安装位置处应无其他飞机结构部件或活动物体，避免飞机事故或碰撞时撞击 ELT。撞击超过 ELT 自身的 TSO 碰撞等级，将损坏 ELT 而导致无法工作。

2. 固定安装支架

1）固定翼飞机安装

（1）将安装支架对准安装结构，使支架上的箭头与飞机纵轴平行（偏差在 10°以内），指向飞行方向。

（2）以支架为模板，标记安装支架所需的 4 个孔，按照图纸的尺寸选择恰当的钻头钻出安装孔。

（3）使用改装包内的螺钉、垫片和螺母，将安装支架安装和固定在飞机结构上。可以使用替代的紧固件，但其强度和耐腐蚀性应不差于改装包提供的紧固件。螺母的力矩是（12±1）in·lb[（136±11）N·cm]。

2）直升机安装

ME406HM 型是专为在直升机上安装使用而设计的，该型 ELT 装有 2 个 G 电门，除了正常感受前向减速度的主 G 电门外，还带有能感应 5 个方向减速度的辅助 G 电门。厂家不建议安装 ME406 型 ELT，一是安装角度要保持与前进方向成 45°，二是直升机较为剧烈的机动、起飞和着陆均可能导致误发射。

（1）ME406HM ELT 水平安装在直升机结构上，与直升机纵轴平行，安装时保持 ELT 标签上的飞行方向箭头指向前方（该箭头表示主 G 电门的方向）。

（2）保持 ME406HM ELT 前面板朝向机头方向，围绕纵轴（偏差不超过 5°）依次调整 90°位置是可以接受的。这样 6 个方向的 G 电门都能正确感受减速度，如图 2.7 所示。

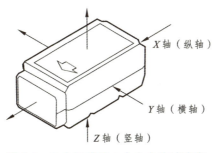

图 2.7　G 电门感受 6 个方向的减速度

3. 远距开关安装

ME406 系统使用 5 线远距开关（见图 2.8），接线时根据需要考虑是否使用屏蔽导线。

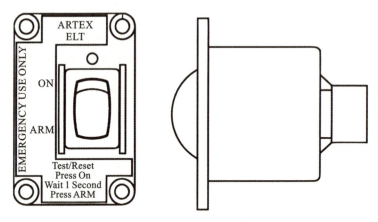

图 2.8 远距开关正视图和侧视图

考虑远距开关的取电，5 线远距开关应采用保险丝或断路器直连飞机蓄电池，或从类似提供飞机时钟电源的热线汇流条取电。需要注意的是，开关取电仅用于 LED 指示灯的工作，是否有电不影响开关操作。

在驾驶舱仪表板上选择合适的安装位置，要求远距开关的位置便于飞行员接近，并且容易注意到 LED 指示灯。根据安装图纸提供的远距开关面板组件的尺寸在驾驶舱面板上切出恰当的长方形开口。

将开关组件放置在开口处，标出 4 个安装孔的位置，取下开关，按图纸选用恰当的钻头进行钻孔。

安装远距开关并紧固，注意相关的电缆应提前接好。安装完成后，在开关面板旁粘贴上"仅限航空应急使用/未授权禁止使用"的标签（应使用中文标签）。

4. 蜂鸣器

由于可能会分散飞行机组的注意力，厂家不建议在驾驶舱内安装蜂鸣器。建议将蜂鸣器安装在 ELT 发射机附近，当发动机不运转时，蜂鸣器的声音足以在飞机外部听到。当发动机运转时，可查看远距开关红色 LED 指示灯来确认 ELT 激活。

（1）根据蜂鸣器的尺寸，制作一个适合支撑蜂鸣器的支架。

（2）将支架安装到 ELT 附近的机身结构上。

（3）将蜂鸣器装入支架，装上 2 颗安装螺钉并拧紧，如图 2.9 所示。

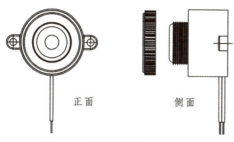

正面　　　　　　侧面

图 2.9　蜂鸣器的安装示意图

ME406 远距开关需由外部电源为 LED 状态指示灯供电，电源供电与否不影响开关的控制功能，仍可以人工激活或复位（重置）ELT 发射机。外部电源可以是飞机电源（一般连接到蓄电池热汇流条），如在 C172、PA-44-180 以及 DA42 飞机的应用，14 V 电源系统连接到开关的 1 号插钉，28 V 电源系统连接到开关的 3 号插钉；若不使用飞机电源，则可以将 3 节 9 V 碱性电池串联正极连接到开关的 3 号插钉，负极连接飞机地，形成回路，如在 SR20 飞机上的应用。ARTEX 公司推荐金属机身飞机使用飞机电源为 LED 状态指示灯供电，复材机身飞机使用电池为 LED 状态指示灯供电，但实际应以飞机厂家的线路设计为准。

5. 外部天线安装

将外部天线馈线的 BNC 插头与 ELT 发射机面板上的 BNC 插座良好连接，将馈线另一端的 BNC 插座与天线 BNC 母插头良好连接。

初始安装时，还需要考虑的要素有：

（1）确定外部天线安装的位置：航空器外表面上部可以垂直安装天线的恰当位置（在垂直方向 15°以内的位置），并与其他天线（例如甚高频通信收发机天线）保持至少 30 in（762 mm）的间隙。天线四周应无大的阻碍物，避免干扰射频信号。

（2）确定安装处的结构强度，评估动态及静态载荷：根据天线的重量来计算结构所应承受的载荷。必要时需要进行静力试验，以确保航空器在运行中安装处不会变形（在所有方向上施加在天线上 20 lb 的力不应引起飞机蒙皮的明显变形）。必要时，安装加强板，以加强安装处的结构强度。

（3）天线安装的标准施工：按照天线安装图纸提供的尺寸，确定天线接头的穿孔和螺钉安装孔的位置。如需安装，加强板、垫板应根据安装孔进行钻孔。使用螺钉和螺母进行安装，螺母要施加恰当的力矩[如对于 110-338 杆形天线，安装螺母的力矩为（20±1）in·lb]。并且不允许在外场对天线涂漆，避免影响天线射频性能。

（4）良好接地与接地平面：在通航某些复合材料、织物或木质机身的航空器上进行安装时，需要为天线安装一个接地平面。

（5）将同轴电缆连接到天线，确保电缆的布线和支撑方式使连接处没有拉伸负载（即应变）。

6. 线路与接线

为防止意外激活 ELT 或出现组件损坏的情况，安装前不要连接插头。注意，线路故障不影响 ELT 自动激活。

线路相关要求对于 ARTEX ELT 系统是通用的，后文相同部分将简述。

1）线路图

参考 ARTEX 手册对于金属机身航空器装机 ME406 线路，如图 2.10 所示。

（1）对于金属机身航空器安装 ME406，且使用了屏蔽线制作线束时，应将屏蔽层与 D-SUB 插头（梯形插头）引脚 7 和 MOLEX 插头（方形插头）的引脚 6 接通。MOLEX 插头引脚 6 与 9 通过远距开关内部线路接通，则均为地线。D-SUB 插头除了图 2.10 的功能引脚外，其他均留空。另一种构型是不采用屏蔽线。

（2）引脚 1、3 根据航空器电源系统电压环境进行选择，不经过航空器以及电子系统主电门连接到主电瓶相关汇流条，且必须使用保险丝。

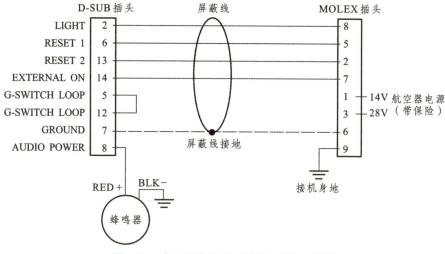

图 2.10　金属机身航空器装机 ME406 线路

（3）对于非金属机身航空器安装 ME406，各功能引脚与上图一致。但区别在于需要将 MOLEX 插头引脚 9 连接到航空器电源（主蓄电池）的地线上。

2）线缆要求

ELT 系统接线采用最小美规 AWG 22 号导线，最好使用屏蔽线，以防止电磁干扰或射频干扰。

使用符合 MIL-W-16878、M22759、M27500 标准导线，厂家推荐的，或经等效适航论证的国内标准高质量导线。

在远距开关线束的插接处留出一段导线绕成环（即"滴水环"），使接头的水分从线环处凝结滴出。

在远距开关插头的线束上留出冗余的长度绕成环（即"维修环"），以便拆装时将组件从仪表板上取出足够的距离，便于轻松断开线束插头。

3）线束制作要求

按手册要求制作以下组件：

（1）制作足够长的连接线束，在航空器的合适区域进行布线。线缆不宜绑得太紧，留出长度绕出滴水环和维修环。

（2）各导线应做必要的识别标记。并且需要用捆扎或支撑固定方式让线束得到充分的支撑和保护，避免碰磨或受力应变。

（3）在线束一端焊接或压接安装 D-Sub 插头，注意 G 电门环路的引脚应预先接通，否则 ELT 不会自动激活。

（4）在线束的另一端制作安装远距开关 9 针插头。

4）接　地

ME406 系统使用 5 线远距开关，ELT 发射机和远距开关组件的接地端必须与航空器地线接地连通，相互间电阻值应小于 10 Ω。

ELT 在金属机身航空器上安装接线时，ELT 发射机、远距开关可以机身任何金属结构上就近接地。在复合材料机身的航空器上安装接线时，ELT 发射机、远距开关的接地端应与航空器电源地线可靠导通。

屏蔽导线（如使用）的屏蔽层应与 ELT 发射机、远距开关的接地端同时接通。

5）导航接口及编码要求

ME406 系统使用了外接导航模块（ME-232 或 ME-183）时，应正确连接机载 GPS 设备的数据输出线，并且 ELT 应使用长报文格式的预编码。该构型如错误使用短报文编码，则 ELT 不接收导航数据。

7. 初始安装的收尾

完成初始安装的收尾后，应按手册要求进行必要的系统功能测试。

1）ELT 安装

（1）确认 ELT 面板开关在 ARM 位。

（2）将 ELT 以一定角度插入安装支架，ELT 尾端对准安装支架的卡槽。

（3）向下按压 ELT，直到其完全固定在安装支架中。

（4）拉紧绑带并紧固。对于魔术贴型绑带，穿过扣环后注意要用足够的力拉动绑带，反向将毛面（钩面）压紧粘贴到纤维面（环面）上，以确保紧密结合。对于锁扣型绑带，应确认锁扣已经锁好拉紧。

2）电气连接

（1）将线束插头插入远距开关插座。

（2）将线束插头插入 ELT 插座并进行紧固。

（3）将外部天线同轴电缆插头插入 ELT 天线端口。

（4）捆扎线束和同轴电缆中多余的松弛部分，使其形成滴水环。

2.1.4　拆　卸

1. ELT 发射机拆卸

按照手册要求的顺序从航空器上拆下 ME406，并进行常规检查：

（1）第一步脱开天线同轴电缆。第二步拔下远距开关线束 D-SUB 插头。第三步松开安装支架的绑带，将 ELT 发射机从支架中取出。如 ELT 发射机采用魔术贴型绑带进行紧固，撕开魔术贴并松开绑带。如果选装的是金属锁扣型绑带，掰开闩扣后松开两边金属绑带；打开时注意手指不要被夹住；也可以使用一字螺刀放在闩扣头的下方，弹开闩扣头，但不能直接去撬锁扣。

（2）检查天线同轴电缆插头是否存在腐蚀，插头中心导体是否存在弯曲、断裂或其他损坏的情况。注意检查馈线插头中心导体，它容易缩回到插头内部。

（3）检查远距开关线束接插头是否有腐蚀、引脚弯曲折断等损坏的情况。

（4）检查安装支架是否清洁、有无裂纹、腐蚀等损坏的情况。

2. 电池组件拆卸

拆卸电池组件时，注意组件含有静电放电敏感（ESD）组件，条件具备时应佩戴接地腕带。特别是应避免触摸裸露的电路板和电路板上的引脚，小心操作避免元件受损。

（1）将 ELT 倒置放平，使电池组件底面朝上，可以清楚地看到压印的 BATTERY ACCESS ON THIS SIDE 文字，指示此处是电池组件盖子。

（2）拆卸电池组件盖上的 8 颗螺钉。

（3）将 ELT 侧放，同时保持 ELT 和电池组件牢固地固定在一起。

（4）电池组件和发射机模块在内部通过一根柔性短小线束连接，稍微分开即可，注意不要用力，避免扯坏连接线束。

（5）从电池组件的小电路板上脱开线束插头，即可拆下电池组件。

（6）废弃的电池组件应按法律法规进行妥当处置。

2.1.5 故障排除

1. 自检错误代码

ELT 激活后，LED 可能会根据软件版本显示长时间的单次闪烁，这并不表示出现故障。任何自检错误代码将在此初始闪烁后显示，其故障原因见表 2.2。如果存在多个错误，闪烁代码之间则存在 0.5 ~ 1 s 的暂停。

表 2.2　ME406 自检错误代码

LED 灯及蜂鸣	故障	故障原因	排故及说明
3 闪	406 MHz 信号传输故障	天线输出或同轴电缆开路或短路	（1）检查同轴电缆及天线连接是否良好；检查同轴电缆的中心导体是否导通良好；检查屏蔽层的接地是否良好；检查同轴电缆是否短路。 （2）检查同轴电缆是否存在间歇性导通的故障
		天线或其安装有故障	用驻波比检测设备检查天线是否开路、短路或接地电阻
		天线的阻抗不匹配	将同轴电缆长度加长或缩短 4 ~ 6 in
		天线的接地平面太小	提供直径至少为 12 in 的接地平面
		存在直立金属结构导致 ELT 天线射频被遮挡	与直立金属结构保持至少 10 ~ 12 in 的距离
		电源低电压	（1）电池容量不足。 （2）电池组件电路板上的 3 A 保险丝故障
		与 ELT 发射机的接地不导通	检查天线接地平面和 ELT 发射机接地线之间的导通性
		发射机内部模块故障	将 ELT 送原厂检修
4 闪	406 MHz 或 121.5 MHz 输出功率低	天线、同轴电缆存在开路或短路的状态	（1）检查同轴电缆及各接头。 （2）检查天线安装是否正确
		天线的阻抗不匹配	将同轴电缆长度加长或缩短 4 ~ 6 in
		发射机内部模块故障（频率超限）	将 ELT 送原厂检修

续表

LED 灯及蜂鸣	故障	故障原因	排故及说明
5 闪	无位置数据（仅适用于长报文格式进行编码的 ELT。短报文编码无 5 闪错误代码）	未交联外接导航模块及机载导航设备，但使用长报文格式编码	将 ELT 重新编码为短报文格式。 注：5 闪错误代码不表示硬故障，也不影响 ELT 系统适航性
6 闪	G 电门回路的引脚 5 和 12 之间的跳线未连通	跳线断开	（1）检查 D-Sub 插头是否在引脚 5 和 12 之间安装了跳线。 （2）检查引脚 5 和 12 之间电阻应小于 1Ω，否则应检修跳线
		跳线丢失	重新在 D-Sub 插头引脚 5 和 12 之间安装跳线
7 闪	电池问题	电池已累计工作超过 1 h	更换电池组件
		电池组件故障	更换电池组件

2. 其他故障的排除

ME406 常见故障的排除见表 2.3。

表 2.3　ME406 常见故障的排除

故障	故障原因	排故及说明
远距开关 LED 灯稳定常亮	接线不当	按线路图进行正确接线
	线路中存在短路	（1）检查导线绝缘保护层是否磨破。 （2）检查与远距开关 2 号引脚连接的导线是否存在短路。脱开 ELT 和线束的插头，保持远距开关和线束正常连接，检查靠 DB15 插头的 2 号引脚与 9 号引脚（地线）之间是否导通，导通说明该条线路对地存在短路，应进行修复。 （3）完成修复后重新安装 ELT 端线束插头
	远距开关故障	（1）远距开关内部线路受潮，视情更换远距开关。 （2）远距开关组件内部缺陷，应更换远距开关

故障	故障原因	排故及说明
远距开关 LED 灯稳定常亮	ELT 故障	在确认线路正常的情况下。脱开远距开关的线束插头，保持 ELT 与线束正常连接，检查线束上 DB9 插头 2 号引脚与 9 号引脚之间是否导通，导通说明 ELT 内部该线路存在短路，将 ELT 送原厂检修
使用远距开关无法对 ELT 复位（但使用 ELT 开关可以复位时）	电池电量过低	拆卸电池组件来停止 ELT 发射，更换电池组件
	远距开关线束故障	检查接线的导通性，并进行修复
	远距开关故障	更换远距开关
使用远距开关无法对 ELT 复位（并且使用 ELT 开关不能复位时）	ELT 故障	拆卸电池组件来停止 ELT 发射，将 ELT 送原厂检修

2.1.6　ME406 典型应用

国内通航机队大部分装机 ELT 为 ME406。飞机厂家会依据 ARTEX 手册设计线路，但应以最终装机的飞机厂家线路图为准。

1. Cessna 172 飞机装机 ME406

图 2.11 所示为 Cessna 172 飞机安装 ME406 线路，远距开关与 ELT 发射机连接线束未使用屏蔽线。LED 指示灯也没有直接由飞机电源供电，而是由飞机交输汇流条（X-FEED BUS）供电，并与其他设备共用一个 5 A 断路器，这样 LED 指示灯在飞机断电时不会工作。

2. PA-44-180 飞机装机 ME406

图 2.12 所示为 PA44 飞机安装 ME406 线路，PA44 与 Cessna 172 同属于金属机身飞机，不同的是，PA44 飞机远距开关与 ELT 发射机连接线束使用了屏蔽线，并且 LED 指示灯供电采取了 ELT 厂家推荐的设计，从飞机电源热线取电，并串联 1 A 保险对电路进行保护。

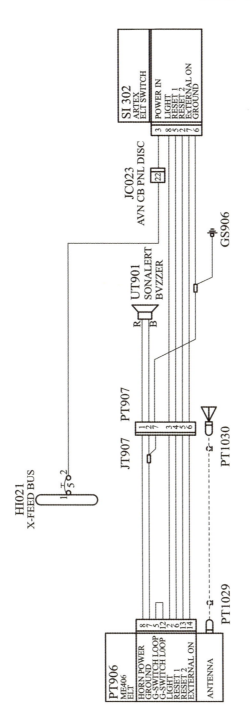

图 2.11　Cessna 172 装机 ME406 线路

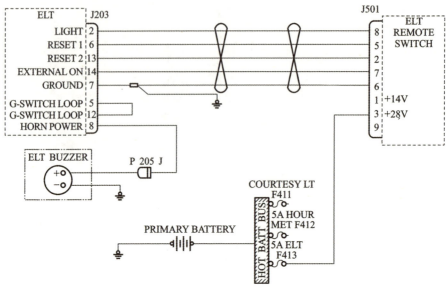

图 2.12　PA-44-180 装机 ME406

3. DA42NG 飞机装机 ME406

图 2.13 所示为 DA42NG 复材机身飞机安装 ME406 线路，连接线束上使用屏蔽线，LED 指示灯也由飞机电源热线供电，并串联 1 A 保险对电路进行保护。

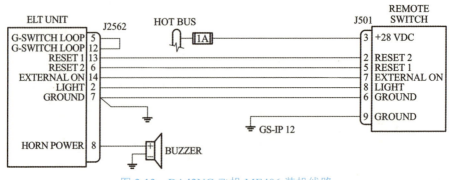

图 2.13　DA42NG 飞机 ME406 装机线路

4. SR20 飞机装机 ME406

图 2.14 所示为同为复材机身的 SR20 飞机安装 ME406 线路，远距开关

与 ELT 发射机间的导线束施加了屏蔽线，并且 LED 指示灯是由安装在开关内部的电池供电。飞机维修手册要求 5 年更换或电池到期更换。

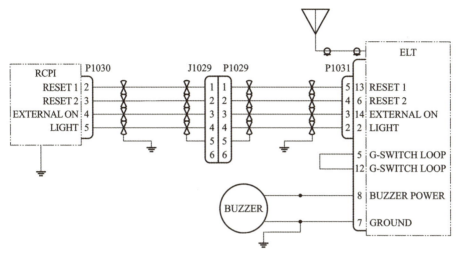

图 2.14　SR20 飞机 ME406 装机线路

2.2　ELT 1000

2.2.1　概　述

ELT 1000 是 ARTEX 公司生产的通航 ELT，是 ME406 的替代产品。ELT 1000 自动激活、工作频率、编码要求等属性与 ME406 一致。

ELT 1000 内置长效锂电池，可以保证至少 5 年的电池寿命。并且具有良好的环境适应性，能够承受极端温度、湿度和其他恶劣环境条件。ELT 1000 的峰值有效辐射功率（EIRP）在 406 MHz 时为 5 W，在 121.5 MHz 时为 50 mW，确保了无线电求救信号的远距离传输。与 ME406 系列 ELT 一样，ELT 100 也是发射 24 h 后自动关闭 406 MHz 信号，而 121.5 MHz 信号持续发射直至电池耗尽为止（至少 50 h）。

1. 组　成

ELT 1000 系统组成包含 ELT 发射机、安装支架、远距开关、外部天线、蜂鸣器。

2. 系统组件

1）发射机

（1）本体。

ELT 1000 面板上有一个三位拨动开关（有 TEST 位、ARM/OFF 位和 ON 位），一个 LED 指示灯，一个外接天线插座，一个远距开关插座（15 针 D-Sub 接口），如图 2.15 所示。

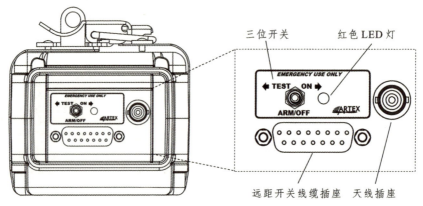

图 2.15　ELT1000 发射机及其面板

（2）支架。

ELT 1000 本体具有能抗高负荷冲击、耐火的聚碳酸酯塑料材质外壳，支架材质与其一致。不同于 ME406，ELT 1000 只有金属锁扣式安装支架。

（3）G 电门。

连接 ELT 1000 的线束插头引脚 5 和 12 之间安装有跳线，用以接通 ELT 内部 G 电门回路，插头接好后即启用自动激活功能。当插头拆下时，ELT 不能自动激活，以便在运输等未装机状态下避免误发射。

2）远距开关

远距开关一般安装在驾驶舱仪表板或中控台上，包含 LED 状态指示灯和翘板开关（见图 2.16），机组或操作员可以通过扳动开关以人工激活或复位（重置）ELT 发射机。

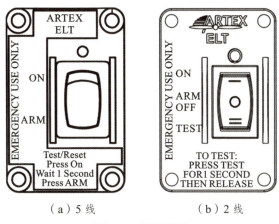

（a）5 线　　　　　　　（b）2 线

图 2.16　远距开关

ELT 1000 可选用 ME406 同款 5 线远距开关，开关需由外部电源为 LED 指示灯供电，ELT 1000 发射机与 5 线开关的线路连接与 ME406 的相同。

与 ME406 不同的是，ELT 1000 系统还可以适配使用 2 线三位远距开关，该开关不需要连接外部电源，LED 指示灯由 ELT 电池供电。2 线开关有 TEST、ARM/OFF 和 ON 三位，其中 TEST 位带有自动回弹。

3）外部天线

ELT 1000 采用单天线设计。外部发射天线的选取取决于飞机的最大额定速度，位置限制以及任何其他特定安装的要求。ELT 1000 除了可使用 ME406 同型天线外，还可以使用 110-340 刀形天线，如图 2.17 所示。

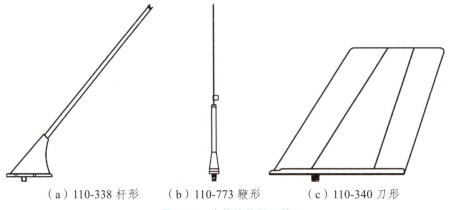

（a）110-338 杆形　　　（b）110-773 鞭形　　　　（c）110-340 刀形

图 2.17　选装的外部天线

4）蜂鸣器

ELT 1000 采用 ME406 同型蜂鸣器，在激活 ELT 时提供音响警报。

5）电池组件

电池组由两个 D 号锂亚硫酰氯电池组成，符合 TSO C142a 标准，外观与 ME406 电池类似。

6）导航接口

与 ME406 不同，ELT 1000 系统内置导航接口，不需外接导航模块（ME406 同等功能应交联 ME-232 或 ME-183）。ELT 1000 在交联机载 GPS 时，必须按长报文格式进行预编码。

3. 规格参数

ELT1000 规格参数见表 2.4。

表 2.4　ELT1000 规格参数

规格	参数/性能
频率及精度	121.5 MHz ± 6.075 kHz。 406.040 MHz 或更高，±1 kHz
调制	406 MHz：Biphase L（G1D）二进制相移键控。 121.5 MHz：调幅 A3X
输出功率	406 MHz：5 W（37 dBm ± 2 dB）EIRP，−20 ~ +55 ℃ 持续 24 h。 121.5 MHz：至少 50 mW（17 dBm），−20 ~ +55 ℃ 持续 50 h
占用带宽	406 MHz：最大 20 kHz。 121.5 MHz：最大 25 kHz
杂散发射	406 MHz：按 RTCA/DO-204。 121.5 MHz：按 CFR Title 47（FCC），Part 87
天线接口	BNC 母头。
自动激活	G 电门：4.5 ± 0.5 ft/s（2.3 g）
电池/寿命	硫酸锂电池，电压 5.9 V，容量 7.5 A·H/6 年
工作温度	−20 ~ +55 ℃
存储温度	−55 ~ +85 ℃

续表

规格	参数/性能
重量	ELT 组件（含电池、支架）：1.95 lb（0.8 kg）
尺寸 （长宽高）	ELT 组件（含电池、安装套件）：6.60 in × 3.69 in × 2.86 in（168 mm × 94 mm × 73 mm）
软件	符合 RTCA/DO-178B，D 级
天线 （按空速）	杆形（110-338）（<350 KTS）；鞭形（110-773）（<200 KTS）；刀形（110-34）（<600 KTS）。单天线接口

2.2.2　功能与操作

1. 预位（ARM）

ELT 1000 在机载正常使用时，应处于预位状态，即驾驶舱仪表板远距开关置于 AR 位并且同时 ELT 发射机开关置于 ARM 位。在装机期间，ELT 必须处于预位状态。

2. 激活（Active）

ELT 1000 系统通过以下方式激活：

（1）自动激活：飞机运行时，ELT 发射机开关处于 ARM 位，且驾驶舱远距开关处于 ARM 位时，机载 ELT 系统处于待机模式。当飞机发生事故或碰撞时，触发内部 G 电门，自动激活 ELT 发射信号。运行中，还可能由于航空器的剧烈机动或硬着陆（超过 2.3g），会自动激活 ELT 发射机。

（2）人工激活：一种方式是人工操作驾驶舱远距开关于 ON 位；另一种方式是操作 ELT 发射机上的开关于 ON 位，均可激活 ELT 发射。在地面维护检查时（需要正确配置跳线），可以用力甩动 ELT，以人工触发 G 电门使 ELT 激活发射。

当 ELT 被激活发射时，蜂鸣器即发出声音警报，驾驶舱远距开关面板上的 LED 指示灯立即开始连续闪烁。

ELT 还可能意外原因导致激活（误发射）。发现误发射应尽快处置复位。

3. 复位（Reset）

ELT 1000 可采用以下两种方式进行复位：

（1）将远距开关扳至 ON 位，等待大约 1 s，然后将其扳回 ARM 位。如果远距开关已经处于 ON 位，则将其直接扳回 ARM 位。

（2）通过将 ELT 发射机上的开关扳至 ON 位，等待大约 1 s，然后将其扳回 ARM 位。如果 ELT 发射机开关已经处于 ON 位，则将其直接扳回 ARM 位。

需要注意，复位后驾驶舱远距开关和 ELT 发射机开关都应处于 ARM 位，如果两个开关中任一开关还处于 ON 位时，则 ELT 不能复位。复位后，通过监听 121.5 MHz 频率来确认 ELT 已停止发射。

4. 自检（Self-Test）

ELT 1000 系统通过自检操作来检查关键功能。ELT 系统自检是否正常，通过 LED 指示灯的闪烁错误代码来进行指示。操作远距开关自检后，观察 LED 灯的指示。如操作 ELT 开关自检，则就近观察 ELT 的指示灯，同时可以收听蜂鸣器的音频。

红色 LED 指示灯的错误代码为点亮 0.5 s，然后关闭 0.5 s。在多个错误代码之间的间隔为 1.0 s。如果不存在错误，则会闪烁 2 s，表示 ELT 系统正常；如果存在系统错误，则会抑制此闪烁代码。

ELT 1000 系统可以通过驾驶舱远距开关、发射机面板上的开关来启动自检。

1）远距开关启动自检

（1）5 线远距开关启动自检。

5 线远距开关为两位开关（有 ON 和 ARM 位），自检操作为：将远距开关置于 ON 位约 1 s，然后再扳回至 ARM 位。

LED 灯闪烁 2 s，表示 ELT 系统正常。如果系统自检发现问题，错误代码将在大约 1 s 后开始显示。

需要注意的是，如果 ELT 1000 激活时间超过 2 s，再扳回 ARM 位时将不会执行自检。

（2）2 线远距开关启动自检。

2 线远距开关为三位开关（有 ON、ARM/OFF 和 TEST 位），自检操作为：将开关置于 TEST 位约 1 s，直到 LED 灯闪烁一次，然后松开，开关会回弹到 ARM/OFF 位。

LED 灯闪烁 2 s，表示 ELT 系统正常。如果系统自检发现问题，错误代码将在大约 1 s 后开始显示。

需要注意的是，对于 2 线远距开关，除了正确的自检操作，不论 ELT 激活多长时间，再将开关置于 ARM/OFF 位，ELT 均不会执行自检。

2）ELT 开关启动自检

ELT 开关为三位开关（有 ON、ARM/OFF 和 TEST 位），启动自检的操作和错误代码的判断与上述 2 线远距开关的操作一致。

2.2.3　安　装

已装机 ELT 1000 拆装流程简单，以下介绍在 ELT 系统初始安装时的工作内容。

1. 安装位置

确定 ELT 发射机安装位置要遵循以下原则：

（1）ELT 要选择靠近航空器尾部的位置，有利于航空器在事故或碰撞之后大概率减小损伤 ELT 的可能性，且有利于维护时的接近和拆装。

（2）结构强度的考虑：安装位置处的航空器结构必须坚固，如不能直接将 ELT 安装在飞机蒙皮上，蒙皮在 ELT 重量的作用下会产生变形和振动，导致结构受损。

（3）避免腐蚀环境的考虑：安装位置处应避免选择容易暴露于（没有保护）腐蚀性化学液体（如除冰剂）的地方。在化学液体长期作用下，可能导致 ELT 外壳和安装组件的开裂和断裂，并造成电气连接腐蚀。

（4）避免干扰的考虑：ELT 安装位置处应无其他飞机结构部件或活动物体，避免飞机事故或碰撞时撞击 ELT。撞击超过 ELT 自身的 TSO 碰撞等级，将损坏 ELT 而导致无法工作。

2. 固定安装支架

（1）将安装支架对准安装结构，使支架上的箭头与飞机纵轴平行（偏差在 10°以内），指向飞行方向，如图 2.18 所示。

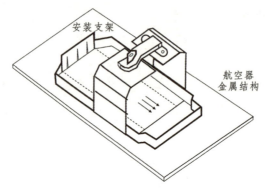

图 2.18　采用金属锁扣安装支架

（2）以支架为模板，标记安装支架所需的 4 个孔，按照图纸的尺寸选择恰当的钻头钻出 4 个安装孔。

（3）使用改装包内的螺钉、垫片和螺母，将安装支架安装和固定在飞机结构上。可以使用替代的紧固件，但其强度和耐腐蚀性应不差于改装包提供的紧固件。螺母的拧紧力矩为 12 ± 1 in · lb（136 ± 11 N · cm）。

3. 远距开关安装

ELT 1000 系统的远距开关可以使用 5 线开关或 2 线开关，如图 2.19 所示。

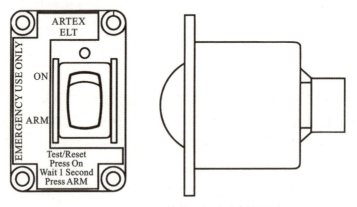

图 2.19　远距开关的正视图和侧视图

考虑远距开关的取电，2 线远距开关不需要连接飞机电源即可操作；5 线远距开关应采用保险丝或断路器直连飞机蓄电池，或从类似提供飞机时钟电源的热线汇流条取电。需要注意的是，开关取电仅用于 LED 指示灯的工作，是否有电并不影响开关操作。

在驾驶舱仪表板上选择合适的安装位置，要求飞行员容易接近远距开关，并且容易注意到 LED 指示灯。根据安装图纸提供的远距开关面板组件的尺寸在驾驶舱面板上切出恰当的长方形开口。

将开关组件放置在开口处，标出 4 个安装孔的位置，取下开关。按图纸选用恰当的钻头进行钻孔。

安装远距开关并紧固，注意相关的电缆应提前接好。安装完成后，在开关面板旁粘贴上"仅限航空应急使用/未授权禁止使用"的标签（应使用中文标签）。

4. 蜂鸣器

蜂鸣器一般安装在 ELT 发射机附近，当发动机不运转时，蜂鸣器的声音足以在飞机外部听到。当发动机运转时，可以查看 LED 指示灯确认 ELT 是否已激活。

（1）根据蜂鸣器的尺寸，制作一个适合支撑蜂鸣器的支架。

（2）将支架安装到 ELT 附近的机身结构上。

（3）将蜂鸣器装入支架，装上 2 颗安装螺钉并拧紧，如图 2.20 所示。

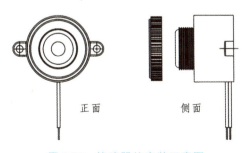

正面　　　　侧面

图 2.20　蜂鸣器的安装示意图

5. 外部天线安装

将外部天线馈线的 BNC 插头与 ELT 发射机面板上的 BNC 插座良好连接，将馈线另一端的 BNC 插座与天线 BNC 母插头良好连接。

初始安装时，还需要考虑的要素有：

（1）确定外部天线安装的位置：航空器外表面上部可以垂直安装天线的恰当位置（在垂直方向 15°以内的位置），并与其他天线（如甚高频通信收发机天线）保持至少 32 in 的间隙。天线四周应无大的阻碍物，避免干扰射频信号。

（2）确定安装处的结构强度，评估动态及静态载荷：根据天线的重量来计算结构所应承受的载荷。必要时需要进行静力试验，以确保航空器在运行中安装处不会变形（在所有方向上施加在天线上 20 lb 的力不应引起飞机蒙皮的明显变形）。必要时，安装加强板，以加强安装处的结构强度。

（3）天线安装的标准施工：按照天线安装图纸提供的尺寸，确定天线接头的穿孔和螺钉安装孔的位置。如需安装，加强板、垫板应根据安装孔进行钻孔。使用螺钉和螺母进行安装，螺母要施加恰当的力矩[如对于 110-338 杆形天线，安装螺帽的力矩为（20±1）in·lb。对于 110-340 刀形天线，安装螺帽的力矩为（23±1）in·lb]。并且不允许在外场对天线涂漆，避免影响天线射频性能。

（4）良好接地与接地平面：在通航某些复合材料、织物或木质机身的航空器上进行安装时，需要为天线安装一个接地平面。

（5）将同轴电缆连接到天线，确保电缆的布线和支撑方式使连接处没有拉伸负载（即应变）。

6. 线路和接线

为防止意外激活 ELT 或出现组件损坏的情况，安装前不要连接插头。注意线路故障不影响 ELT 自动激活。对于线路相关通用且相同的要求，本节不再详述。

1）线路图

ELT 1000 连接 5 位开关的线路图与 ME406 一致，此处不再示出，图 2.21 所示为 ELT 1000 连接 2 位开关的线路图。

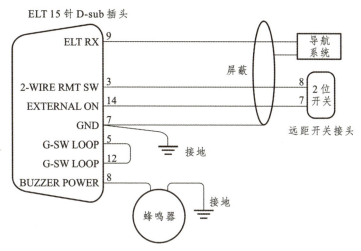

图 2.21　ELT 1000 连接 2 位远距开关线路图（采用屏蔽线）

2）制作要求

（1）采用最小美规 AWG 22 号导线，推荐使用屏蔽线。

（2）使用厂家推荐的标准导线，或经等效论证的国标高质量导线。

（3）合理制作线束的"滴水环"和"维修环"。

（4）合理标识导线。

（5）制作线束插头，注意涉及 G 电门回路的跳线应可靠短接。

相关详细要求以 ARTEX 手册为准。

3）接地的要求

ELT 1000 系统使用 2 线远距开关时，开关无需接地。在使用 5 线远距开关的构型中，ELT 发射机和远距开关组件的接地端必须与航空器地线接地连通，相互间电阻值应小于 10 Ω。

ELT 在金属机身航空器上安装接线时，ELT 发射机、远距开关可以机身任何金属结构上就近接地。在复合材料机身的航空器上安装接线时，ELT 发射机、远距开关的接地端应与航空器电源地线可靠导通。

屏蔽导线（如使用）的屏蔽层应与 ELT 发射机、远距开关的接地端同时接通。

4）导航接口及编码要求

对 ELT 1000 预编码为长报文格式，交联和接通机载导航设备的数据输出线，可以接收外部位置数据。使用短报文格式进行预编码，ELT 不接收导航数据。

ELT 1000 系统通过 RS-232 串行数据线接收航空器机载 GPS 设备发送的数据，可以接收使用 4800 波特率的 NMEA 0183 协议数据，也可以接收使用 9600 波特率的航空协议数据。对 ELT 1000 发射机进行预编码时，波特率编码为 4800 或 9600 取决于机载 GPS 设备输出数据所采用的协议。

7. 初始安装的收尾

完成初始安装的收尾后，应按手册要求进行必要的系统功能测试。

1）ELT 安装

（1）确认 ELT 面板开关在 ARM 位。

（2）将 ELT 呈一定角度插入安装支架，ELT 尾端对准安装支架的卡槽。

（3）向下按压 ELT，直到其完全固定在安装支架中。

（4）正确将金属绑带的卡扣上闩，确认卡扣已经锁好拉紧。

2）电气连接

（1）将线束插头插入远距开关插座。

（2）将线束插头插入 ELT 插座并进行紧固。

（3）将外部天线同轴电缆插头插入 ELT 天线端口。

（4）捆扎线束和同轴电缆中多余的松弛部分，使其形成滴水环。

2.2.4 拆 卸

1. ELT 发射机拆卸

按照手册要求的顺序从航空器上拆下 ELT 1000 发射机。

第一步脱开天线同轴电缆。第二步拔下远距开关线束 D-SUB 插头。第三步打开安装支架的金属锁扣，松开金属绑带，将 ELT 发射机从支架中取出。

2. 电池组件拆卸

拆卸电池组件时，注意组件含有静电放电敏感（ESD）组件，应佩戴接地腕带，避免触摸裸露的电路板和电路板上的引脚，小心操作避免元件受损。

（1）将 ELT 倒置放平，使电池组件底面朝上，可以清楚地看到压印的 BATTERY ACCESS ON THIS SIDE 文字，指示此处是电池组件盖子。

（2）拆卸电池组件盖上的 8 颗螺钉。

（3）将 ELT 侧放，同时保持 ELT 和电池组件牢固地固定在一起。

（4）电池组件和发射机模块在内部通过一根柔性短小线束连接，稍微分开即可，注意不要用力，避免扯坏连接线束。

（5）从电池组件的小电路板上脱开线束插头，即可拆下电池组件。

（6）废弃的电池组件应按地方法律法规进行妥善处置。

2.2.5　故障隔离

1. 自检错误代码

ELT 激活后，LED 可能会根据软件版本显示长时间的单次闪烁，这并不表示出现故障。任何自检错误代码将在此初始闪烁后显示，其故障原因见表 2.5。如果存在多个错误，闪烁代码之间则存在 0.5 ~ 1 s 的暂停。

表 2.5　ELT 1000 自检错误代码表

LED 灯及蜂鸣	故障	故障原因	排故及说明
2 闪	—	—	（ELT 1000 不使用）
3 闪	—	—	（ELT 1000 不使用）
4 闪	输出功率低	天线故障，或 ELT 故障	（1）脱开 ELT 天线插座与同轴电缆的连接，将 50 Ω 的负载安装到 ELT 天线插座上，重新启动自检，如自检错误，则说明 ELT 故障，应送原厂检修。如自检正常，说明 ELT 没有故障，应继续排故流程。（2）将同轴电缆接头重新安装到 ELT 天线插座上；脱开同轴电缆与外部天线的连接，在同轴电缆端接入一个 50 Ω 的负载。再做一次自检，如自检错误，说明是同轴电缆上的故障，应进一步检查和排除同轴电缆和各插头的短路、开路、中心导体接触不良等故障。如自检正常，说明同轴电缆和各插头没有故障，可以怀疑天线一侧出现故障，继续以下流程。

续表

LED 灯及蜂鸣	故障	故障原因	排故及说明
4 闪	输出功率低	天线故障，或 ELT 故障	（3）检查天线是否良好接地，天线和机身地线之间电阻小于 100 mΩ 为正常。 （4）检查天线应该与航空器的任何垂直金属结构保持至少 3 ft（约 0.91 m）的距离。这样的距离有助于确保天线正常工作，避免电磁干扰。 （5）如天线接地和安装距离均正确，可以判断为天线故障，应将外部天线送厂检修
5 闪	无位置数据（仅适用于长报文格式进行编码的 ELT，短报文编码无 5 闪错误代码）	机载导航系统处于关闭状态	打开导航系统
		机载导航系统的接线或接头	检查和排除接线和接头的故障
6 闪	G 电门回路的引脚 5 和 12 之间的跳线未连通	跳线断开	（1）检查 D-Sub 插头是否在引脚 5 和 12 之间安装了跳线。 （2）检查引脚 5 和 12 之间电阻应小于 1 Ω，否则应检修跳线。 注：如拆下该跳线，只有等待 60 s 以上后，才能再次进行自检和出现 6 闪烁错误代码
		跳线丢失	重新在 D-Sub 插头引脚 5 和 12 之间安装跳线
7 闪	电池问题	电池工作已经超过 1 h	更换电池组件
		电池电压过低	更换电池组件
		电池内存数据读写错误	重复自检。如果 7 闪错误代码仍然存在，则更换电池组件
8 闪	编码协议及数据问题	缺失编码数据，如编码中无 ELT 序列号 S/N 或航空器机尾号	ELT 需要按照正确的 ELT 序号或航空器机号信息重新编码

2. 其他故障的排除

ELT 1000 的常见故障及排除方法见表 2.6。

表 2.6　ELT 1000 的常见故障排除

故障	故障原因	排故及说明
远距开关 LED 灯稳定常亮	接线不当	按线路图进行正确接线
	短路	检查和修复接线上的所有压接和焊接点
使用远距开关无法对 ELT 复位（但使用 ELT 开关可以复位）	远距开关线束复位线路故障	检查远距开关接线的导通性并修复。
	远距开关故障	更换远距开关
使用远距开关无法对 ELT 复位（并且使用 ELT 开关不能复位）	ELT 内部存在故障缺陷	拆卸电池组件来停止 ELT 发射，将 ELT 送原厂检修

2.2.6　ELT 1000 典型应用

1. Cessna 172 装机 ELT 1000

Cessna 172 飞机安装的 ELT 1000 仍采用 5 线远距开关，开关的供电以及与发射机间接线和 ME406 型 ELT 一致。如图 2.22 所示，在 172 飞机上，将由 1 部综合航电组件通过 RS232 接口为 ELT 1000 提供位置信息。

2. SR20 装机 ELT1000

Cirrus SR20 飞机安装 ELT 1000 时选用了 2 线远距开关，厂家进行电路设计时，结合该机型特有的西锐飞机降落伞系统（Cirrus Airframe Parachute System，CAPS），增加了开伞自动触发 ELT 发射的功能。如图 2.23 所示，在 2 线远距开关线路上并联了一组线束，使得当机组拉出 CAPS 手柄时，会使 S608 干簧继电器闭合，从而激活 ELT 1000 发射。

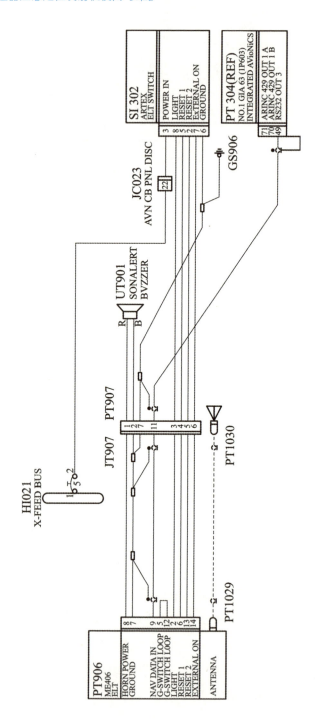

图 2.22　Cessna 172 装机 ELT 1000

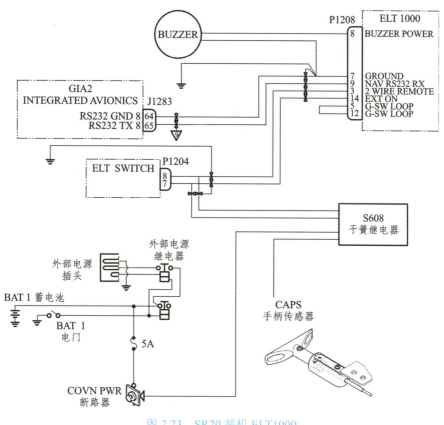

图 2.23　SR20 装机 ELT1000

2.3　C406 系列

2.3.1　概　述

C406 系列 ELT 有 C406-N、C406-1 及 C406-2 三个选型。飞机制造企业根据构型需要进行选型。例如，西飞公司 MA600 飞机、Cessna Citation M2 和 CJ1 + 飞机选装 C406-N。早期 Citation CJ1 飞机出厂安装 ARTEX 110-4（不具有 406 MHz 工作频率），依据法规应升级改装为 C406-1 等符合 TSO C126 标准且带有 406 MHz 工作频率的 ELT。

C406 系列 ELT 为 AF 型 ELT，工作频率是 121.5 MHz、243.0 MHz 和 406 MHz。视出厂时间不同，C406-1 和 C406-2 两种型号采用 406.025 MHz、406.028 MHz 或更高的工作频率；C406-N 采用 406.028 MHz 或更高的工作频率。

C406 系列 ELT 带有 HM 型，专为直升机上的固定安装而设计，具有额外的 5 轴 G 电门，加上主 G 电门，可以在 6 个正交轴中的任何一个轴上自动激活 ELT。

1. 组　成

C406 系统组成包含：ELT 发射机、ELT 支架组件、远距开关、外部天线、蜂鸣器、编码模块（选装）、导航接口（选装），以及必要的系统接线、同轴电缆、接插件等。

C406 系列 ELT 根据需要选装功能组件。C406-1 和 C406-2 可以选装导航接口，不能安装编码模块。C406-N 内置导航模块，不安装导航接口即可交联机载导航系统。C406-N 可以安装编码模块。

2. 系统组件

1）发射机及支架

C406 系列 ELT 发射机面板上有一个 ON/OFF 两位拨动开关，一个 LED 指示灯，一个远距开关插座（12 针 MOLEX 接口）、外接天线插座（C406-1 和 C406-N 为单插座，C406-2 为两个插座），如图 2.24 所示。

C406 系列 ELT 发射机支架组件被设计成一个保护盒，包括托盘、上盖、前护盖三件作为一整套。保护盒起到了对 ELT 发射机进行良好固定和保护的作用。对于 C406-1、C406-2 及 C406-N，保护盒设计相同的，托盘和上盖完全一致（件号相同），前护盖件号不同，这是由于三种型号的面板布局不同，远距开关插座和天线插座的位置与数量有差异。

2）远距开关

C406 系统驾驶舱远距开关是两位控制开关，有 ON 和 ARM 位。远距开关组件上带有 LED 指示灯组成，用来监视 ELT 的工作状态，如图 2.25 所示。

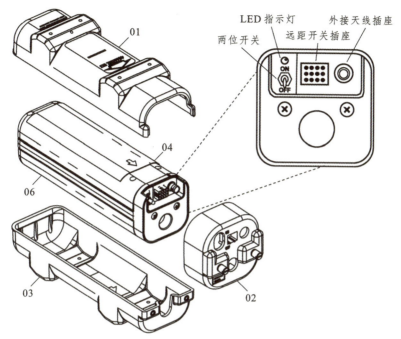

1—保护盒上盖；2—前护盖；3—保护盒托盘；4—ELT 发射机。

图 2.24　C406-N 支架、保护盒、ELT 面板

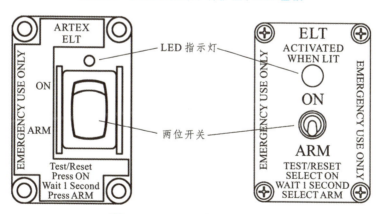

图 2.25　C406 系统的远距开关

3）外部天线

C406 系列 ELT 应安装使用经批准的外部天线，其适配的天线如图 2.26、图 2.27 及表 2.7 所示。

表 2.7　C406 系列适配天线

ELT	适配的天线
C406-1，C406-N	110-343（鞭形）、110-338（杆形）、110-340（刀形）、110-341（刀形），均为单天线接头
C406-2	110-320（杆形），110-328-01、110-333、110-337、110-337-11（刀形），均为双天线接头

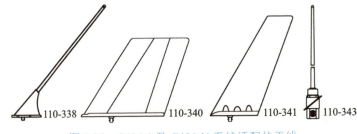

图 2.26　C406-1 及 C406-N 系统适配的天线

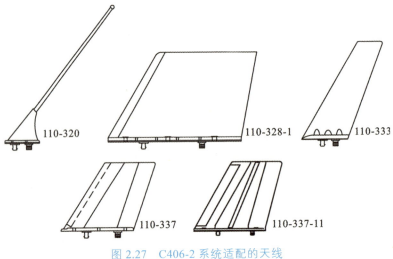

图 2.27　C406-2 系统适配的天线

4）蜂鸣器

ARTEX 蜂鸣器在 ELT 激活发射时会发出响亮的、类似警报器的声音。蜂鸣器可以安装在飞机的任何位置；厂家推荐最佳安装在 ELT 支架旁边（见图 2.28）。蜂鸣器的声音足够大，即使在发动机运行时也能在飞机外部听到。

当发动机运行时，驾驶舱远程开关组件上的 LED 灯会警告飞行员 ELT 处于激活状态。而驾驶舱内安装蜂鸣器对飞行人员有一定干扰，不是最佳位置。

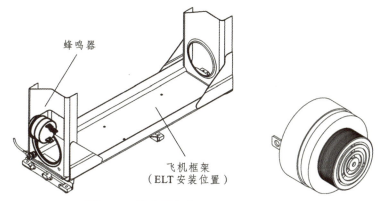

图 2.28　蜂鸣器安装（Cessna 525 飞机）

5）电池组件

C406 系列三个型号的 ELT 采用同一件号（452-0133）电池组件。组件由四个串联的 D 型锂二氧化锰电池组成，如图 2.29 所示。为防止电池被充电，每个电池上都连接有二极管，并且输出端连接有保险丝。

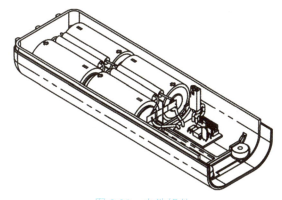

图 2.29　电池组件

6）编码模块

编码模块（Programming Adapter，PA）是 C406-N 选装设备（不适用于 C406-1、C406-2），存储有固定的编码信息。当更换了新的具有不同编码的

ELT 时，编码模块能自动重新对 ELT 进行编码。使用编码模块让 ELT 无须编码就能装机成为可能，提高了运行人维护 ELT 系统的便利性。需要使用 S 模式 24 位地址码和机号对 ELT 进行编码时，注意 PA 应预先编码并与计划安装对应的航空器信息一致。有些厂家还为出国交付航空器的 ELT 装机两个 PA（串联），分别预编码以对应两个国别码，到达交付地点之后拆除国外识别码的 PA 即可。

PA 被设计为可安装在 ELT 端 22 针插头后部的，带有封装电路板和一个可以通过导线的中空通道的一个管形部件。PA 带有 6 根预埋针脚，以便接入线路，通向远距开关的线束从 PA 中空通道中通过，如图 2.30 所示。

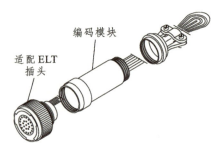

适配 ELT 插头　编码模块

图 2.30　ARTEX 编码模块

可以按件号 453-5078 采购定制的编码模块，这需要用户提前将恰当的编码信息提供给厂家。未编码的空白编码模块件号是 453-5068，可以使用 ARTEX 编码设备和软件在外场进行编码。

7）导航接口（ELT/NAV）

ARTEX 导航接口（件号 453-6500 适用于 C406-1、C406-2 及其 HM 型）提供将从飞机导航系统接收到的位置数据传输到 ELT 的手段，并具有对 ELT 的 S 模式 24 位地址码重新编码功能，如图 2.31 所示。安装时，有两种构型选择，一种构型是带重新编码功能和传输导航数据功能，另一种构型是具备仅传输导航数据功能。

导航接口的 24 位地址码重编码功能是自动的，需要提供 + DC 28 V 电源。供电后，导航接口会读取 ELT 的 24 位地址数据，并将其与导航接口中采用硬跳线（Hard wiring）的 24 位地址数据进行比较。如果比较 24 位地址编程存在差异，导航接口将硬跳线数据写入 ELT 编码，比较无差异时不重新进行编码。需要注意的是，如果 ELT 使用除航空器地址码编码之外的协议进行编码，导航接口虽然仍会尝试用硬跳线数据对 ELT 进行重写编码，但结果肯定会失败（通过 LED 灯在通电后 2 min 内快速闪烁来指示）。

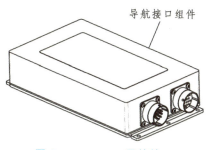

导航接口组件

图 2.31　ARTEX 导航接口

3. 规格参数

C406-1、C406-2、C406-N 系列规格参数见表 2.8。

表 2.8　C406-1、C406-2、C406-N 系列规格参数

规　格	参数/性能
频率及精度	C406-1、C406-2：406.025 MHz：±2 kHz（初始），±5 kHz（5 年）；406.028 MHz 或更高：±1 kHz。 C406-N：仅使用 406.028 MHz 或更高，±1kHz（初始），+2 kHz/−5 kHz（5 年）。 121.5 MHz 和 243.00 MHz：±0.005%
调　制	406 MHz：Biphase L（16K0G1D）二进制相移键控。 121.5 MHz/243 MHz：调幅 A3X
输出功率	406 MHz：5 W（37 dBm±2 dB）PERP 或 EIRP，−20～+55 ℃ 持续 24 h。 121.5 MHz/243.0 MHz：至少 50 mW（17 dBm）PERP，−20～+55 ℃ 持续 50 h；或 100 mW（20 dBm）EIRP，−20 ℃ 到 +55 ℃ 持续 48 h
占用带宽	406 MHz：最大 20 kHz。 121.5 MHz/243 MHz：最大 25 kHz
杂散发射	406 MHz：RTCA/DO-204。 121.5 MHz/243 MHz：CFR Title 47（FCC），Part 87
天线接口	BNC 母头
自动激活	G 电门：4.5±0.5 ft/s（2.3 g）。 辅助 G 电门（HM 型）：12 g

规格	参数/性能
电池	锂锰电池，电压 12 V，容量 10 A·H，5 年
工作温度	−20 ~ +55 ℃
存储温度	−55 ~ +85 ℃
重量	ELT 组件（含电池、支架）：4.25 lb（1.9 kg）
尺寸 （长宽高）	ELT 组件（含电池、安装套件）：11.63 in × 3.90 in × 3.76 in（295 mm × 99 mm × 96 mm）
软件	符合 RTCA/DO-178B，D 级
天线 （按空速）	C406-1 及 HM：杆形（110-338）（<350 KTS）；鞭形（110-343）（<300 KTS）；刀形（110-340）（<600 KTS）；单天线接口。 C406-2 及 HM：杆形（110-320）（<350 KTS）；刀形（110-337）（MACH 1）；双天线接口。 C406-N 及 HM：Rod（110-338）（<350 KTS）；Blade（110-340）（<600 KTS）；单天线接口

2.3.2　功能与操作

1. 预位（ARM）

C406 系统在机载正常使用时，应处于预位状态，即驾驶舱仪表板上的远距开关置于 ARM 位（ELT 发射机上的开关置于 OFF 位）。

预位状态是一种待机状态，在航空器运行期间，机载 ELT 系统必须置于预位状态，以备应急状态下激活工作。

2. 激活（Active）

C406 系列 ELT 通过以下方式激活：

（1）自动激活：飞机运行时，ELT 发射机开关处于 ARM 位，且驾驶舱远距开关处于 ARM 位时，机载 ELT 系统处于待机模式。当飞机发生事故或碰撞时，触发内部 G 电门，自动激活 ELT 发射信号。

（2）人工激活：一种是人工操作驾驶舱远距开关到 ON 位；另一种是操作 ELT 发射机上的开关到 ON 位，进行激活。在地面维护检查时（需要正确配置跳线），可以用力甩动 ELT，人工触发 G 电门进行激活。

当 ELT 被激活发射时，蜂鸣器即发出声音警报，驾驶舱远距开关面板上的 LED 灯立即开始长时间连续单次闪烁（间隔 3～4 s）。

ELT 还可能意外原因导致激活（误发射）。发现误发射应尽快处置复位。

3. 复位（Reset）

（1）将远距开关扳至 ON 位，等待大约 1 s，然后将其扳回 ARM 位。如果远距开关已经处于 ON 位，则将其直接扳回 ARM 位。

（2）通过将 ELT 发射机上的开关扳至 ON 位，等待大约 1 s，然后将其扳回 ARM 位。如果 ELT 发射机开关已经处于 ON 位，则将其直接扳回 ARM 位。

进行复位操作时，如果两个开关中任一开关还处于 ON 位时，则 ELT 不能复位。复位后，通过监听 121.5 MHz 频率来确认 ELT 已停止发射。

4. 自检（Self-Test）

C406 系列 ELT 系统通过自检（Self-Test）操作来检查关键功能。

1）远距开关启动自检

C406 系列 ELT 系统采用 5 线两位远距开关，有 ON 和 ARM 位。自检操作为：将远距开关置于 ON 位约 1 s，然后再扳回至 ARM 位，即可启动自检。

如果 ELT 系统正常，观察远距开关的红色 LED 灯会闪烁 2 s，在航空器尾部能听到蜂鸣器扫频音频。

如果 ELT 系统带有错误，LED 灯在单闪一次之后，将闪烁对应的错误代码。如果存在多个错误，则每个错误代码之间会有 0.5～1.0 s 的暂停。注意不要将初始单闪与 1 闪错误代码混淆。

2）ELT 开关启动自检

有时候需要将 C406 系列 ELT 从航空器上拆下（离位）进行自检时，操作如下：

ELT 开关为两位开关，有 ON 和 OFF 位。将 ELT 关于扳至 ON 位，LED 指示灯将连续单闪（间隔 3～4 s），在 1～2 s 后，将开关扳回 OFF 位即可启动自检。

如果 ELT 工作正常，发光二极管将保持点亮约 1 s，然后闪烁预期的错误代码。由于 ELT 离位自检，未连接远距开关、外部天线连接，因此对应出现 1 闪和 3 闪错误代码。如 ELT 采用定位协议进行编码和交联导航系统，还会因为未连接导航输入而出现 5 闪错误代码（视为正常现象，可忽略）。

如果 ELT 电池组件错误，则出现 7 闪错误代码，应对照排故表进行排故。

2.3.3 安 装

以下以 Cessna525（CJ1）飞机从 110-4 型升级安装为 C406-1 进行举例。

1. 安装位置

C406-1 安装在 CJ1 飞机的尾部，安装处为飞机后行李舱顶部框架，用于容纳和固定 ELT 保护盒如图 2.32 所示。远距开关安装于驾驶舱仪表板上，刀形天线安装于机身站位 FS 343，如图 2.33 所示。

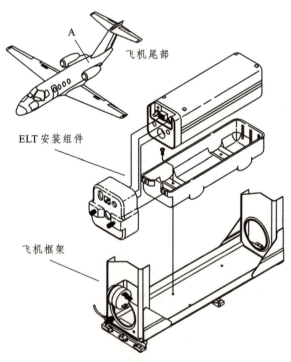

图 2.32　C406-1 安装（Cessna525 尾部）

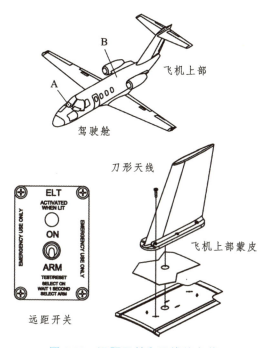

图 2.33　远距开关和天线的安装

2. 安装方向

1）固定翼飞机安装

对于各类固定翼飞机安装时，将托盘对准飞机框架，确保托盘上的箭头平行于飞机纵轴并处于 10°以内指向飞行方向。安装 ELT 发射机时，其 + X 轴应指向飞行方向，如图 2.34 所示。

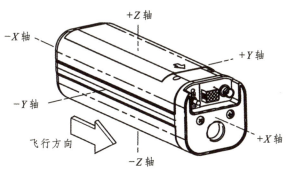

图 2.34　ELT 发射机三轴及安装方向

安装需要使用 8-32 × 5/8″不锈钢平头十字螺杆、平垫圈、锁紧垫圈和螺母将托盘紧固到飞机结构上。可以使用替代的紧固件，但其强度和耐腐蚀性应不差于厂家提供的紧固件。螺母的拧紧力矩为（12±1）in·lb[（136±11）N·cm]。

2）直升机安装

对于直升机的安装，应采用 C406-1HM 型 ELT，托盘尽量水平安装在直升机框架上，确保托盘上的箭头在直升机纵轴的 25°以内，并指向飞行方向，如图 2.35 所示。其他紧固件的安装与固定翼一致。

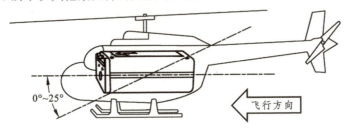

图 2.35　C406-1HM ELT 在直升机上的安装

3. 远距开关的安装

C406-1 系统远距开关安装在 CJ1 飞机驾驶舱右侧仪表板的中部，使用 4 颗螺钉进行安装固定，如图 2.36 所示。该型远距开关专为 Cessna 飞机进行设计，没有 ARTEX 的标识。

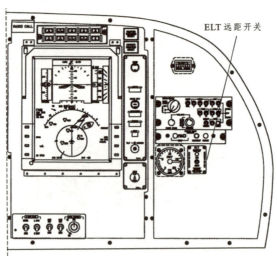

图 2.36　Cessna525 仪表板上远距开关安装位置

如需要全新安装远距开关，应按照远距开关的尺寸在仪表板上开孔。在完成远距开关接线后，用螺钉将远距开关可靠固定到仪表板上，并粘贴"仅供航空应急情况使用/禁止未经授权使用"的标签。

4. 飞机天线的安装

（1）C406-1 适配 110-340 刀形飞机天线。该天线安装在机身上部 FS 343 蒙皮区域。

（2）安装前，按照手册程序完成所有必要的准备工作。

（3）从 ELT 天线和飞机蒙皮上清除所有的旧密封剂。在 ELT 天线和飞机蒙皮结构的接触面上使用可导电化学处理工艺，以确保天线与飞机结构电气连接可靠。

（4）如全新安装，应在天线安装位置的机身蒙皮上再开一个 5/8 in（16 mm）的孔，以提供连接天线 BNC 接头的通孔。

（5）将 ELT 天线置于机身上表面安装处。

（6）110-340 刀形天线的安装座有 6 个安装螺孔，尺寸为 0.213 in（5.4 mm）。使用#10-32 不锈钢螺杆和相关紧固件将 ELT 天线固定在机身的上表面。螺母的力矩拧紧为（23 ± 1）in · lb[（260 ± 11）N · cm]。安装螺杆时，没有必要为螺杆使用黏接剂。

（7）按照手册程序，在天线与飞机蒙皮边缘接缝处以及内部同轴连接器周围涂抹 I 型、B 类密封胶。

（8）进行必要的恢复工作。

5. 蜂鸣器的安装

蜂鸣器安装在靠近 ELT 发射机的位置。

（1）正确连接蜂鸣器的导线。

（2）将蜂鸣器放入支架中。对于全新安装，可以根据蜂鸣器尺寸制作支架。

（3）在蜂鸣器的外侧安装黑色保持环。

（4）进行必要的恢复工作。

6. 线路和接线

为防止意外激活 ELT 或出现组件损坏的情况，安装前不要连接插头。线路故障不影响 ELT 自动激活。对于线路相关通用且相同的要求，本节不再详述。

1）C406-1 线路

飞机安装 C406-1 线路如图 2.37 所示。

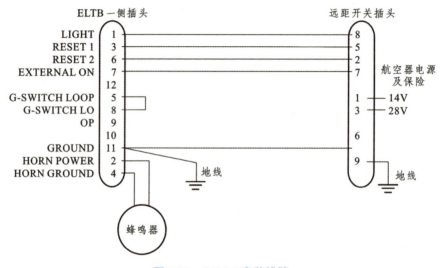

图 2.37　C406-1 安装线路

（1）引脚 1、3 需针对不同机型电源系统电压环境进行连接，不经过航空器及电子系统主电门。直接将电源连接到带有 1 A 内联保险丝的主蓄电池上，或连接到飞机时钟电路上。所需的最大电流约为 100 mA。电路必须安装保险丝。

（2）在远程开关内部引脚 6 和引脚 9 号已连接。如果组件接地可能不可靠时，则应连接远距开关引脚 6 与 ELT 插头的引脚 11。

（3）ELT 一侧插头为方形 MOLEX 15 针插头，远距开关一侧插头为方形 MOLEX 9 针插头。

（4）ELT 一侧插头引脚 2、9、10 在选装导航接口组件时使用。

2）C406-N 线路

飞机安装 C406-N 线路如图 2.38 所示。

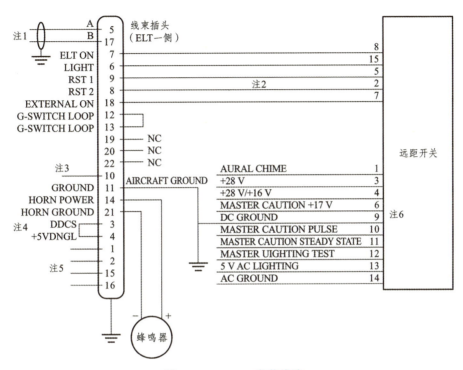

图 2.38　C406-N 安装线路

（1）注 1 所示引脚 5 和 17 对应连接机载导航系统输出的 ARINC 429 双绞线（屏蔽线）A 和 B，即 ARINC429 格式的位置数据。

（2）注 2 所示接线均需使用最小美规 AWG 22 号线。

（3）注 3 所示插头引脚 10 需连接航空器 DC 28 V 带控制开关的电源线路，电路应带有 1 A 断路器或慢断保险丝。该电源为 ELT 内部的导航和编码相关电路供电，最大电流消耗为 120 mA。

（4）注 4 所示插头引脚 3 和 4 在未选装编码模块（PA）时必须短接。如选装了编码模块，则模块应尽可能靠近 ELT，且在附近机架上可靠接地。注 4 及注 5 所示的引脚功能对应编码模块接线，见表 2.9。

表 2.9　插头引脚功能对应表

引脚编号（插头）	对应功能	导线颜色（编码模块）
3	DDCS	棕色线
4	+ 5 VDNGL	红色线
1	BDIN	黄色线
2	BDCLK	绿色线
15	BDOUT	橙色线
6	DGND	黑色线

（5）确保 ELT 所有接地点良好互通。如果无法保证 ELT 和远距开关接地互通，应将远距开关的 9 号针脚接到 ELT 的 11 号针脚，如注 6 所示。否则 9 号针脚和 11 号针脚之间的连接是可选的。

3）制作要求

（1）采用最小美规 AWG 22 号导线，推荐使用屏蔽线。

（2）使用厂家推荐的标准导线，或经等效论证的国标高质量导线。

（3）合理制作线束的"滴水环"和"维修环"。

（4）合理标识导线。

（5）制作线束插头，注意涉及 G 电门回路的跳线应可靠短接。

详细要求以 ARTEX 手册为准。

4）接地的要求

（1）按照线路图，将 ELT 一侧插头及远距开关良好接地。

（2）交联导航系统的 ARINC 429 双绞线屏蔽线应良好地线。

5）导航接口及编码要求

C406-N 内置导航接口，设计安装为交联航空器导航系统，并采用长报文格式的编码。

C406-1、C406-2 及 HM 型可以选装导航接口组件（ELT/NAV）来交联航空器导航系统，该构型应采用长报文格式的编码，如图 2.39 所示。未选装交联导航接口时，应采用短报文格式的编码。

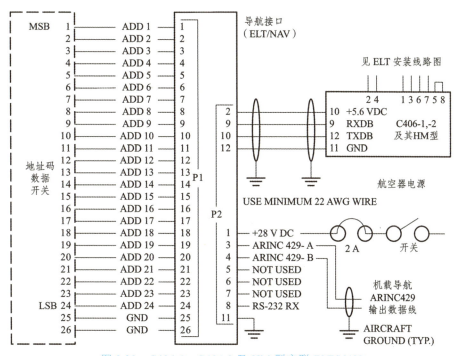

图 2.39　C406-1、C406-2 及 HM 型交联 ELT/NAV

该导航接口组件还带有 C406-1、C406-2 及 HM 型（仅限于 ELT 采用按 24 位地址码编码的协议）的编码模块功能，以下是编码方法：

（1）局方分配的单机 24 位地址码是 8 位八进制数，转化为 24 位的二进制数，由"1"和"0"组成。参见图 2.39，根据 MSB 和 LSB 定位后，将对应 P1 插头数据位中"1"在电气上接地到机架，将数据位中"0"保留悬空（在电气做好保护）。

（2）使用一个地址码数据开关板，每个数据位均有一个开关块用来标识"1"或"0"。根据地址码数据配置好开关块后，通过 P1 插头连接到导航接口组件上完成安装。

7. 安装 ELT 发射机

完成其他全部 ELT 系统组件的安装和线路的连接后，对 ELT 发射机进行安装。

（1）安装托盘。

（2）将 ELT 发射机放置在托盘内，ELT 开关面板和插头朝前。

（3）将发射机后端尽量向托盘的后部推。

（4）向下按压发射机的前端。

（5）确保 ELT 开关处于 OFF 位。

（6）将天线同轴电缆、远距开关插头穿过保护盒前护盖上的通孔后，再分解正确连接到 ELT 发射机上的天线插座、远距开关线缆插座。

（7）安装保护盒上盖。

（8）安装保护盒前护盖。

（9）拧紧前护盖上的两颗滚花螺母。

（10）确认保护盒已将 ELT 发射机全部包裹且固定良好。

（11）进行必要的恢复工作（收尾工作）。

（12）完成 ELT 系统功能测试，检查系统工作正常。

2.3.4　拆　卸

以下内容以 CJ1 飞机上拆卸 C406-1 发射机为例。

1. ELT 发射机的拆卸

（1）打开后行李舱门。

（2）断开 ELT 断路器。

（3）打开顶部接近口盖。

（4）确认 ELT 开关置于 OFF 位。

（5）松开发射机前护盖上的滚花螺帽。

（6）将前护盖从发射机和安装托盘上拉开。

（7）从 ELT 上断开远距开关插头和同轴电缆插头。

（8）从发射机上取下保护盒上盖。

（9）抬起 ELT 发射机的前部，然后向前从安装托盘中拉出发射机。

（10）将发射机从飞机上取下。

2. 组件拆卸

如有必要拆卸远距开关、外部天线以及 ELT 支架，查阅厂家手册具体工作程序。

2.3.5　故障隔离

1. 自检错误代码

ELT 激活后，LED 可能会根据软件版本显示长时间的单次闪烁，这并不表示出现故障。任何自检错误代码将在此初始闪烁后显示，其故障原因见表 2.10。如果存在多个错误，闪烁代码之间则存在 0.5 ~ 1 s 的暂停。注意不要将初次闪烁和 1 闪错误代码相混淆。

表 2.10　C406-1、C406-2 和 C406-N 自检错误代码

指示灯	故障	故障原因	排故及说明
1 闪	ELT 插头处的 G 电门回路（对 C406-1 和 C406-2 是插头 5、8 引脚，C406-N 是插头 12、13 引脚）跳线开路	连接 ELT 的远距开关线束接插件松动或断开	检查接插头是否接触和紧固良好，视情修复
		ELT 接插件引脚弯曲或折断	检查接插件引脚状况，视情修复或更换
		在远距开关插头内部的跳线开路	修复插头内部跳线，使之导通
2 闪	编码模块故障（仅适用于 C406-N，对于 C406-1 和 C406-2 无 2 闪错误代码）	未安装编码模块，且 ELT 插头的 3、4 引脚跳线未装或断路	安装或修复跳线
		安装了未编码的编码模块	将编码模块送去编码
		编码模块的线路故障	修复或更换
3 闪	406 MHz 射频传输故障	天线接头或同轴电缆开路或短路	（1）检查同轴电缆与天线接头是否良好连接。（2）对中心导体和屏蔽层进行导通性检查，检查是否短路
			检查同轴电缆是否存在间断导通的情况

指示灯	故障	故障原因	排故及说明
3 闪	406 MHz 射频传输故障	天线故障或安装不正确	用驻波比（VSWR）测试设备进行检查。检查天线是否存在开路、短路或对地电阻过高的故障
		天线呈现的阻抗不正确	将天线同轴电缆长度加长或缩短 4～6 in
		不充分的接地平面	天线安装时，应建立直径至少为 12 in 的接地平面
		直立金属结构遮挡天线造成射频反射	安装时，天线应与航空器顶部直立金属结构保持至少 10～12 英寸的距离
		功率输出低	电池电量低
			电池组件电路板上的 3 A 保险丝故障
		编码问题	检查编码是否错误
		发射机模块故障	外场不能维修，送原厂修理
4 闪	—	—	（C406 系列无 4 闪错误代码）
5 闪	指示不存在导航位置数据	飞机导航系统关闭	打开导航系统
		系统接口接线或连接故障	检查接线和连接的连续性和安全性
		未安装 ELT/NAV 导航接口（此条仅适用于 C406-1 和 C406-2。C406-N 为内置导航接口）	安装 453-6500ELT/NAV 接口
			重新按短报文格式进行编码
6 闪	—	—	（C406 系列无 6 闪错误代码）
7 闪	电池问题	电池工作已经超过 1 h	更换电池组件。
		电路故障	电池组件电路板上 3 A 保险丝故障

2. 其他故障的排除

C406 系列的常见故障排除见表 2.11。

表 2.11　C406 系列的常见故障排除

故障	故障原因	排故及说明
远距开关 LED 灯稳定常亮	接线不当	按线路图进行正确接线
	短路	检查磨损的绝缘层。检查和修复接线上的所有压接和焊接点
ELT 不会关闭	电池电量过低，无法支持 406MHz 脉冲发射，导致电路复位	拆卸电池组件，关闭 ELT，更换电池组件
使用远距开关无法对 ELT 复位（但使用 ELT 开关可以复位）	远距开关线束故障	检查远距开关接线的导通性并修复
	远距开关故障	更换远距开关
使用远距开关无法对 ELT 复位（并且使用 ELT 开关不能复位）	ELT 内部存在故障缺陷	拆卸电池组件来停止 ELT 发射，将 ELT 送原厂检修

2.4　手持式 SLB406

2.4.1　概　述

SLB406 是一种手持式 S 型应急定位发射机。手持式应急定位发射机在飞机事故或时发射求救信号，可以提供遇险飞机身份标识等信息。

SLB406 的开发旨在满足陆地和海上个人机载飞机的苛刻环境标准。信标由坚固的含紫外线抑制剂的聚碳酸酯高抗冲塑料制成，醒目的黄色外观。SLB406 设计用于承受严酷的户外使用，使用海拔高达 50 000 ft，温度范围 −20 ~ +55 ℃。SLB406 设计有翻盖，可保护按钮和指示灯免受损坏和意外激活。SLB406 防水深度达 1 m（碰撞后浸没的情况）。

SLB406 具有简单易用的操作面板，激活按钮较大，左右手均可单手操作，戴手套也可操作。该 ELT 提供了激活系索，便于在救生衣充气时自动激活。但该型 ELT 不具备浮力，用户要使用其他漂浮物辅助。

1. 组　成

SLB406 应急定位发射机由天线、发射机、电池、安全系索和自激活系索所组成，如图 2.40 所示。

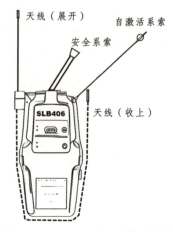

图 2.40　SLB406 应急定位发射机

2. 系统组件

1）天　线

SLB406 自带天线用于发射求救信号。在收纳状态下，黑色天线呈 U 形包在 ELT 的机壳上，并用橙色激活系索上的卡扣进行固定。要展开天线，需解开卡扣并从激活绳索上拉开。天线可以旋转以调整最佳位置。当 SLB406 放置在平坦表面上，且天线垂直向上时，将提供最佳的射频传输性能。

2）发射机

SLB406 发射机可以发射 121.5 MHz 和 406.028 MHz 的求救信号。发射机面板带有透明面罩，使用时可以单手掀开，如图 2.41 所示。

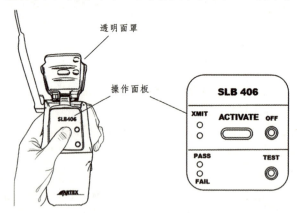

图 2.41　SLB406 应急定位发射机的操作面板

（1）SLB406 是手持便携式 ELT，无 G 电门。

（2）操作面板和开关：SLB406 操作面板外面带有透明塑料面罩，用于防止误操作。操作面板上有 3 个按钮开关，分别是 ACTIVATE、OFF、TEST。ACTIVATE 按钮用来激活 ELT，OFF 用来关闭 ELT 发射，TEST 用来启动 ELT 自检。

（3）SLB406 具有 3 个 LED 灯来指示 ELT 的状态：XMIT、PASS 和 FAIL 灯，其意义见表 2.12。

表 2.12　SLB406 指示灯

标识	LED 功能	说明
XMIT	红色，ELT "发射" 指示灯	每两秒闪烁一次红色，表示 ELT 正常工作。在 406 MHz 脉冲信号发射期间，XMIT 灯保持点亮大约 1 s
PASS	绿色，自检 "通过" 指示灯	自检时，该 LED 灯闪烁绿色 60 s，表示自检没有错误
FAIL	红色，自检 "失败" 指示灯	自检时，该 LED 灯闪烁红光 60 s，表示自检失败

3）电　池

SLB406 的电池为发射机工作提供电源，如图 2.42 所示。电池支持发射机在 406.028 MHz 运行 24 h，然后自动关闭。而 121.5 MHz 发射机将继续运行，直到电池电量全部耗尽（超过 50 h）。

SLB406 电池

图 2.42　SLB406 电池示意图

4）安全系索

安全系索是用于固定 SLB406 手持应急定位发射机的黑色拉绳。它可以系在用户的设备上或遇险人员身上，以确保 ELT 不会丢失或与遇险人员分离。

5）自激活系索

自激活系索是用于自动激活手持应急定位发射机的橙色拉绳。

3. 规格参数

SLB406 应急定位发射机具备的性能参数见表 2.13。

表 2.13　SLB406 应急定位发射机的性能与参数

规格	参数/性能
频率	406.028 MHz/121.5 MHz
调制	406.028 MHz：相位调制 ±1.1 弧度。 121.5 MHz：调幅
功率	406.028 MHz：5 W±2 dB；−20 ℃ 下 24 h。 121.5 MHz：100 mW 最低；−20 ℃ 下 50 h
激活	单手操作
电池/寿命	硫酸锂电池，5 年
工作温度	−20 ～ +55 ℃
存储温度	−55 ～ +85 ℃
重量	737 g（含电池）
尺寸 （长宽高）	176 mm × 90 mm × 55 mm
体积	557 cm³
天线	18 cm 柔性天线

2.4.2　功能操作

当飞机发生紧急情况时，一般由机组或方便操作的人员人工操作 SLB406 应急定位发射机激活，发射机将发射 121.5 MHz 和 406.028 MHz 的求救信号。406.028 MHz 射频包含发射机序列号和国家代码等信息。

1. 激活（Activation）

1）手动激活

手动激活时将 SLB406 拿在手里，天线从收纳状态解开，旋转和调整天线到最佳位置。翻开发射机透明面罩，操作 ACTIVATE 按钮直到激活 ELT 发射。具体如下：

按住 ACTIVATE 按钮约 2 s 直到激活 ELT 发射。当 ELT 激活时，红色 XMIT 灯将点亮约一秒钟以进行确认，然后正常工作期间每两秒闪烁一次红色，并在 406 MHz 脉冲信号发射期间，持续点亮大约 1 s。激活期间，按下 OFF 按钮约 2 s 可关闭 ELT。

2）自动激活

自动激活适用于在救生筏或救生衣充气部分上系上 SLB406 自动激活系索。在救生衣或救生筏充气时，带动自动激活系索与 ELT 分离，从而触发 SLB406 激活，无须人员人工操作。当 ELT 激活时，红色 XMIT 灯将点亮约 1 s 以进行确认。

2. 停用（Deactivation）

在无须使用 SLB406 发射求救信号后，按住 OFF 按钮约 2 s，即可操作 ELT 从激活状态下停用。红色 XMIT LED 将在关闭前点亮 1 s，以确认停用。当 ELT 关闭发射时，红色 XMIT LED 将停止闪烁。

激活和停用可以多次操作。只需按下 ACTIVATE 按钮约 2 s，即可重新激活 SLB406 发射。需要注意的是，在未安装自动激活系索的情况下停用信标，蓄电池将继续放电。

3. 自检（Self-Test）

注意以下自检操作只能在地面维护中开展。

按下 TEST 按钮约 2 s 即可启动自检操作。红色 XMIT LED 灯将点亮约 1 s 以进行确认。然后，PASS 绿灯和 FAIL 红灯将一起点亮约 1 s，以测试 LED 灯。

在后续的自检过程中，XMIT LED 按以下顺序闪烁：

（1）测试 406.028 MHz 和 121.5 MHz 发射期间，XMIT 红灯稳定点亮约 1 s。

（2）在 121.5 MHz 音频调制测试期间，XMIT 同时闪烁约 1.5 s。

（3）测试后，PASS 绿灯将以每秒两次的速率闪烁，持续 60 s，说明 SLB406 功能测试通过。或通过 FAIL 红灯以每秒两次的速率闪烁，持续 60 s，以指示 SLB406 存在故障。随后，ELT 关闭。

自检过程中，使用机载甚高频收发机或地面收音机监听 121.5 MHz 音频应正常，以及使用 406 MHz 测试设备检查 ELT 编码符合要求。

SLB406 自检发现故障，应送回原厂进行检修。

2.4.3 安装与拆卸

以 MA600 飞机为例，SLB406 用绑带固定在飞机 31A 框右侧隔板上的安装座中，如图 2.43 所示。

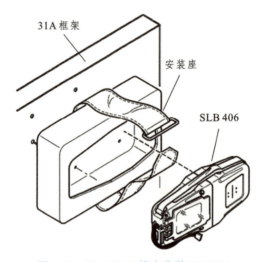

图 2.43　MA600 飞机上安装 SLB406

SLB406 还可以作为商用飞机或其他救生筏应急系统的一部分进行安装。ELT 固定在筏体凹槽内，并将 SLB406 的自动激活系索连接到救生筏上，这样救生筏在充气时就会将激活系索从 SLB406 上拉出来，从而自动激活。

拆卸时，接近 MA600 飞机的 31A 框架右侧隔板上的安装座，解开绑带，取下 SLB406。

2.4.4　维　护

1. 定期检查

根据民航规章 CCAR-91 部第 91.205 条"应急和救生设备"要求：

（1）SLB406 应当在上一次检查后的 12 个日历月内再次完成第 91.205 条第（1）款要求的检查内容。

（2）符合第 91.205 条第（k）款要求，一是在 SLB406 被激活并一直使用后（或无意中被激活且使用时间未知）情况下，二是在发射机被激活累计超过一小时情况下，三是在电池有效期即将到期的情况下，对 SLB406 电池进行更换（注意 SLB406 电池不能充电）。

2. 更换电池

1）从发射机上拆下电池

（1）从自动激活系索上的尼龙卡扣上解开天线。

（2）拆下将顶部发射机组件连接到电池的 4 个 6-32 六方头螺钉。

（3）取下电池。

（4）确认电池有效期。如果电池没有过期，可以重新安装。否则应更换电池。

2）安装电池

（1）将电池插入发射机底部。

（2）使 4 个 6-32 六方头螺钉将电池固定到发射机，拧紧力矩至 9 in·lb（1 N·m）。

（3）将天线缠绕在机壳上，卡入到位，并用自动激活系索的卡扣进行固定。需要注意到更换的电池应配有新的垫圈，务必将旧垫圈与旧电池一起丢弃（按法律法规进行妥善处置）。

（4）将 SLB406 装回到飞机上，并完成必要的恢复工作。

应将新电池到期更换日期进行记录和时控。

2.4.5　功能测试

1. 激活系索功能测试

通过该项功能测试来检查自动激活系索的激活工作正常。

（1）准备工作：按规定程序，将测试计划提前向本地区民航无委办、空管部门进行报告。在局方规定的时间段内的整点前 5 min 内开展发射测试。使用收音机或机载甚高频电台进行监听。

（2）按图 2.44 所示，将自动激活系索连接在一个拉力计上，并将 SLB406 对着固定表面并压住（如压在竖直的墙上）。

（3）施加压力以拉紧系索。

（4）采用快速的拉动动作，拔出激活系索。

（5）从 SLB406 中拔出激活系索，注意观察 XMIT 灯正常闪烁（见人工激活）。监听到 ELT 在 121.5 MHz 上的应急音频。

（6）在 50 s 内重新安装上激活系索（推回原位），观察 XMIT 灯停止闪烁。监听 121.5 MHz 上的应急音频停止。恢复激活系索的安装不应超过 50 s，避免正式向卫星发射 406 MHz 求救信号。

（7）记录拉力计的数值。确认拔出激活系索的拔出力符合厂家要求，即通常为 5.4 kg，正常范围为 2.25 ~ 6.4 kg。

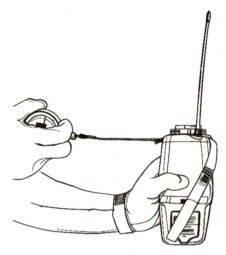

图 2.44　激活系索试验

2.5　维护与测试

2.5.1　ARTEX ELT 维护要求

1. 12 个日历月定期检查

在中国运行的航空器机载 ELT 应符合中国民航规章检查要求，ELT 应当在上一次检查后的 12 个日历月内再次完成 CCAR-91 部第 91.205 条第（1）款要求的检查内容。检查四项内容，包括：安装情况；电池的腐蚀情况；控制和碰撞传感器的操作；天线是否有足够发射信号的能力。本节将对上述定期检查的内容进行具体介绍。

2. 电池的检查和更换

ARTEX ELT 电池的更换应符合第 91.205 条第（k）款要求，体现在：一是在 ELT 被激活并一直使用后（或无意中被激活且使用时间未知）情况下，二是在 ELT 被激活累计超过 1 h 情况下，三是在 ELT 电池有效期即将到期的情况下。

3. 其他要求

为了适用于不同国家对于 ELT 检查和测试的规范性要求，ARTEX 制定了检查项目表（见表 2.14）和提供了检查程序，以便运行人按需来执行。

表 2.14　ARTEX ELT 检查项目表

厂家编号	检查项目	备注
1	同轴电缆和接线连接检查	腐蚀检查
2	安装支架和紧固件检查	
3	电池组件检查	
4a	G 电门功能检查	性能测试
4b	G 电门功能检查（仅适用于直升机型号）	
5a	121.5 MHz 频率检查	
5b	音频调制检查	

续表

厂家编号	检查项目	备注
5c	121.5 MHz/243.0 MHz 功率输出检查	性能测试
5d	406 MHz 频率测量	
5e	406 MHz 功率输出测量	
5f	电流消耗试验	
5g	编码的检查确认	运行测试
5h	ELT 复位检查	
6	已装机发射机测试	
7	天线测试	
8	维修记录	—

2.5.2　检查与测试

1. 准备工作

1）注意事项

涉及需要 ELT 发射的功能测试项目，测试前均应提前向本地区民航无委办、空管部门进行报告，按局方规定执行。

测试检查的计划应安排在无委办规定的时间段（如晚上停飞后，各地区具体规定可能不同）内及整点的前 5 min 内。

应仔细规划所有的测试检查内容，并避免对 ELT 进行不必要的操作，以尽量减少 ELT 发射时长和减少电池消耗。部分需要长时间测试的内场测试项目，应使用外接电源或使用不用于装机的备用电池。ARTEX ELT 的固件会持续跟踪运行时间，如果累计运行时间超过 1 h，自检时通过 7 闪错误代码进行指示，按规章要求更换电池组件。

离位检查时，应按要求的顺序从航空器上拆下 ELT 发射机。

出于不同运营人内部管理需要，对于 ELT 功能测试可能还有更高的要求，例如除了按规定提前报告和在规定时间段完成测试外，还需要全程监听 121.5 MHz 频率，且同一机场同时只安排一个 ELT 测试地点等要求。

2）性能测试的准备

按图 2.45 所示将 ELT 连接到测试设备。

图 2.45　ELT 测试设备的连接

2. 同轴电缆和接线连接的检查（项目 1）

（1）检查远程开关线束接插件是否有腐蚀、引脚弯曲折断等损坏。

（2）检查天线同轴电缆连接器是否腐蚀、中心导体弯曲或断裂以及其他损坏。注意同轴电缆的中心导体，它容易缩回到插头内部。

3. 安装支架及紧固件的检查（项目 2）

（1）检查安装支架是否清洁，有无裂纹等损坏的情况。

（2）检查安装支架是否腐蚀，是否良好固定。

4. 电池组件检查（项目 3）

工作中应注意，一是做好静电防护，避免内部电路板损伤；二是不使用任何外来清洁剂，避免其化学成分破坏 ELT 外壳，造成开裂、断裂或其他损伤。

（1）检查电池单元、附件和插头是否存在腐蚀、损坏的情况。注意电池单元应无任何腐蚀，否则应拒收或废弃。

（2）检查组件接线是否存在断裂、绝缘破损等损伤，以及存在连接不当的情况。

（3）检查组件壳体是否存在裂纹和其他外观上的损伤。

（4）检查电池组件的有效期，控制维修计划以便在有效期内对电池组件进行更换。未超过标注的失效日期。

（5）以下情况必须更换电池组件：一是在 ELT 被激活并一直使用后（或无意中被激活且使用时间未知）情况下，二是在 ELT 被激活累计超过 1 h 的情况下，三是在 ELT 电池有效期即将到期的情况下。

5. G 电门测试（项目 4a）

该项检查用来测试 G 电门自动激活 ELT 的功能应正常，在确认 ELT 激活后应尽快复位，确保 ELT 发射不超过 50 s，以避免向卫星发送实时求救信号。

（1）按手册要求重新装好电池组件。

（2）在测试前，按规定程序向无委办、空管部门报告。测试计划应安排在无委办规定的时间段内及整点的前 5 min 内。

（3）准备航空频率收音机全程监听 121.5 MHz 音频。

（4）将厂家提供的 G 电门回路测试插头工具（件号 500-0079）安装到 ELT 插座上，或采用跳线将 ELT 插头 G 电门回路的两个引脚进行短接，见表 2.15。ELT 天线插头上安装一个 50 Ω 的负载。

表 2.15　G 电门回路引脚

ELT 型号	ELT 插头/G 电门回路引脚
ME406、ELT1000	5 号、12 号引脚
C406-1、C406-2	5 号、8 号引脚
C406-N	12 号、13 号引脚

（5）确认 ELT 开关在 ARM 位。

（6）沿 ELT 标签上的箭头方向快速向前甩动，然后快速反向，触发 G 电门以激活 ELT。

（7）ELT 激活后，通过收音机可以监听到 121.5 MHz 上的扫频音频，并且 ELT 上 LED 灯开始闪烁。

（8）使用 ELT 开关进行复位操作。

6. G 电门测试（直升机）（项目 4b）

对于适用于直升机安装的 HM 型 ELT，按以下程序对内置五轴辅助 G 电门进行测试检查。本章介绍的 ME406 及 C406 系列-1、-2、-N 均带有 HM 型，ELT1000 无 HM 型，SLB406 不涉及。

（1）主 G 电门和五轴辅助 G 电门的测试可以通过在 G 电门所需方向上

甩动和快速减速来完成。可以使用一个带有衬垫的坚固平面（如带有衬垫的椅子或泡沫塑料覆盖的工作台），模拟撞击 ELT 来测试 G 电门的触发功能，注意防护以免撞击损坏 ELT。主 G 电门由大约 2.3g 的减速即可触发，而辅助 G 电门由 12.5g 的减速来触发。辅助 G 电门需要很大的力量才触发，是确保直升机能在遇险或事故撞击中触发，但不会在直升机正常的机动飞行中意外激活。

（2）如执行全部测试项目，则保持项目 4 中 ELT 插头上安装 G 电门回路跳线，保持天线接头安装 50 Ω负载。如只选做本项目测试，则应先安装 G 电门回路跳线，以及安装天线接头上的 50 Ω负载。

（3）使用带衬垫坚固平面，将 ELT（ –X 轴的一面朝下）保持在测试区域上方 10 in（26.1 cm）处，然后用力向下推，保持水平撞入衬垫来测试 –X 轴辅助 G 电门功能。按同样方法在 –Y、+Y、–Z 和 +Z 轴各方向上对各自辅助 G 电门重复该步骤来进行测试。

（4）在每个轴的方向上验证各辅助 G 电门成功触发和激活 ELT，如正确激活，LED 灯会开始持续单次闪烁，也可以通过监听 121.5 MHz 音频来进行判断。

（5）每次激活后，使用 ELT 开关进行复位操作。

7. 121.5 MHz 频率测试（项目 5a）

使用厂家推荐的测试设备执行测试，或送维修单位执行。

（1）将 ELT 开关置于 ON 位，激活 ELT 发射。

（2）等待 3 min。

（3）3 min 内，完成项目 5b 要求的音频调制检查。

（4）3 min 后进行频率测试。

① 在测试设备上读取频率及其容差，应为 121.5 MHz ± 6.075 kHz。

② 对于 C406 系列 243 MHz 工作频率无须测试。这是因为 243.0 MHz 是 121.5 MHz 倍频，如果 121.5 MHz 频率容差正确，那么 243.0 MHz 频率容差必定正确。

使用 ELT 开关进行复位操作。

8. 音频调制（项目 5b）

（1）将监听设备调到 121.5 MHz。

（2）监听收音机（或 VHF 通信电台）上的 ELT 扫频音频，判断该警告音正常。

9. 121.5 MHz/243 MHz 输出功率测试（项目 5c）

使用厂家推荐的测试设备执行测试，或送维修单位执行。以下程序中，C406 系列 ELT 完成 243 MHz 工作频率输出功率测试，其他型号不涉及。

（1）保持 ELT 和测试设备的连接状态。

（2）将 ELT 开关置于 ON 位，激活 ELT 发射。

（3）等待 3 min。

（4）进行 121.5 MHz 输出功率检查。

在测试设备上读取 121.5 MHz 信号幅度，应符合最小 50 mW（17 dBm）的要求。

（5）进行 243 MHz 输出功率检查。

在测试设备上读取 121.5 MHz 信号幅度，应符合最小 50 mW（17 dBm）的要求。

（6）使用 ELT 开关进行复位操作。

10. 406 MHz 频率测试（项目 5d）

注意：406 MHz 信号输出功率约为 5 W。确保在 ELT 和测量设备之间连接足够的衰减器。

（1）保持 ELT 和测试设备的连接状态。

（2）将 ELT 开关扳到 ON 位，激活 ELT 发射。

（3）等待 3 min。

（4）进行 406 MHz 频率检查。

在测试设备上读取稳定后的 406 MHz 信号频率及其容差，应符合该型 ELT 设计规格，见表 2.16。

表 2.16　406 MHz 频率检查

ELT	容差
ME406、ELT1000	±1 kHz
C406-1、C406-2	±2 kHz（出厂），±5 kHz（5 年）
C406-N	±1 kHz（出厂）， +2/−5 kHz（5 年）

（5）使用 ELT 开关进行复位操作。

11. 406 MHz 输出功率测试（项目 5e）

注意：406 MHz 信号输出功率约为 5 W。确保在 ELT 天线接口到测量设备之间连接足够的衰减器。

（1）保持 ELT 和测试设备的连接状态。

（2）将 ELT 开关扳到 ON 位，激活 ELT 发射。

（3）等待 3 min。

（4）406 MHz 输出功率检查

3 min 后，读取测试设备上 406 MHz 信号幅度，应符合该型 ELT 在 406 MHz 频率上的输出功率规格参数，见表 2.17。

表 2.17　检查 406 MHz 输出功率

ELT	容差
ME406	3.2～7.2 W[（37±2）dBm]
ELT1000 及 C406-1、C406-2、C406-N	5 W[（37±2）dBm]

（5）使用 ELT 开关进行复位操作。

12. 电流消耗测试（项目 5f）

由于不同 ELT 型号的电流消耗测试的线路连接和要求不尽相同，本节仅介绍一般流程和方法。为安全完成本项目测试，应严格按 ELT 对应型号手册程序进行。

测试工作时，要避免电池内部出现短路情况，短路会导致电池包保险丝烧断（必须更换）。由于 406 MHz 射频约 50 s 发射一次，并且在 0.5 s 内消耗高达 4~5 A 的电流，多数测试设备很难快速响应或准确读取脉冲波形。因此，通常情况下 ARTEX 厂家不建议测试 406 MHz 突发电流。

（1）确认 ELT 开关在 ARM/OFF 位。

（2）在 ELT 天线接头处安装一个 50 Ω 的负载。

（3）从 ELT 脱开电池组件的连接。

（4）在 ELT 和电池包之间使用厂家提供的专用工具，按手册连接测试线路和电流表，如图 2.46 所示。

图 2.46　消耗电流测试线路连接示意图

（5）对未激活 ELT，完成以下消耗电流检查：

① 将电流表设置为尽可能低的刻度。

② 读取实测电流，不超过以下电流消耗表的范围。

（6）对激活 ELT，完成发射状态下的消耗电流检查：

① 设置恰当的电流表量程（见以下电流消耗表）。

② 激活 ELT。

③ 使 ELT 稳定至少 30 s，以避免读数错误。

④ 读取电流表上的电流消耗。稳态电流消耗不超过以下电流消耗表的范围。

（7）对激活 ELT，完成发射 406 MHz 状态下的消耗电流检查：

仅适用于 ME406、ELT1000，对 C406 系列 ELT 不要求进行该测试。

① 为了掌握 406 MHz 脉冲发生的时机，可以先用跳线短接电流表接线柱（用来保护 ELT 内部保险丝），将 ELT 连接到频谱分析仪上并记录 406 MHz 脉冲发生的时间节点。然后拆下电流表接线柱上的短接跳线，在下一次脉冲（50 s 时）发生时立即读取电流。

② 406 MHz 脉冲信号每 50 s 发射一次，在此期间读取电流表，一般消耗 3~4 A 电流，且不应超过 5 A，见表 2.18。

表 2.18　电流消耗

ELT	专用工具件号	未激活	激活		激活（发射 406 MHz脉冲期间）	
		电流消耗	量程设置	电流消耗	量程设置	电流消耗
ME406	500-0057	≤2 μA	200 mA	≤95 mA	5 A	3～4 A
ELT1000	500-0057	≤5 μA	60 mA	≤55 mA	4 A	3～4 A
C406-1、C406-2、C406-N	611-0024	0～6 μA	3.5 A	≤200 mA	—	—

（8）使用 ELT 开关进行复位操作。

（9）拆除测试专用工具，重新安装好电池包，恢复 ELT。

13. 编码信息的检查

（1）准备 ARTEX 测试设备（如件号为 453-1000、453-2000、8700 或 8701 的掌上设备）。

（2）按照 ARTEX 测试设备的操作说明，将测试设备连接到 ELT 上。进入测试页面，等待测试。

（3）如 ELT 与导航系统交联，则测试前应按程序对航空器进行通电，打开导航系统。否则此步骤可以忽略。

（4）操作 ELT 远距开关进行自检。

（5）在 ARTEX 测试设备的测试页面显示如图 2.47 所示的结果。需要注意的是，如果 ELT 按长报文格式及定位协议进行编码，在 ELT 与飞机导航系统或接口设备断开时（即无正确的 GPS 位置信息输入 ELT），测试页面上的报告内容中将显示"位置无效"而不是当时的位置数据。

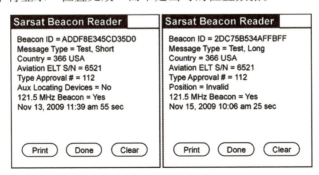

图 2.47　设备测试页面上的报告内容

14. ELT 复位测试

（1）将 ELT 控制开关置于 ON 位。

（2）用 ELT 开关进行复位操作。

（3）LED 灯熄灭。蜂鸣器停止发声。通过监听的收音机确认 ELT 已停止发射。

第 3 章

KANNAD 应急定位发射机

3.1 AF COMPACT

3.1.1 概　述

KANNAD AF COMPACT 型 ELT 是为满足通用航空需求而设计的，它的设计制造综合了 KANNAD 在航空、海上和陆地遇险信标领域的 406 MHz 技术方面的丰富经验。该型 ELT 体积较小，重量较轻，适用于各种轻小型通用航空器，特别是安装空间非常有限的航空器。

1. 组　成

AF COMPACT 属于固定安装 AF 型，用于通用航空的固定翼飞机或直升机安装。AF COMPACT 由以下部件组成：一个发射机、一个安装支架、一个 RC200 远距开关面板、一个 DIN-12 插头、一个 D9 接头、一个外部天线，如图 3.1 所示。

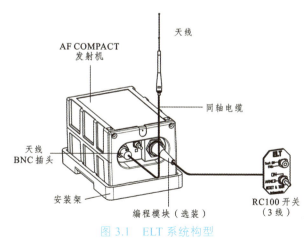

图 3.1　ELT 系统构型

AF COMPACT 系列 ELT 有两种型号。其中 AF COMPACT 为普通版，适用于固定翼、直升机机载固定安装。AF COMPACT（ER）为改进版，其适用的最低温度范围从 – 20 ℃ 扩展到 – 40 ℃。

2. 系统组件

1）发射机

AF COMPACT 发射机的外壳由具有极好机械强度的聚碳酸酯模塑制成，呈浅黄色。壳体无锐边和尖角，便于单手拿起。发射机面板上，从左到右配置有天线 BNC 插头，三位开关（ARM/OFF/ON）、红色 LED 指示灯、远距开关插座，如图 3.2 所示。

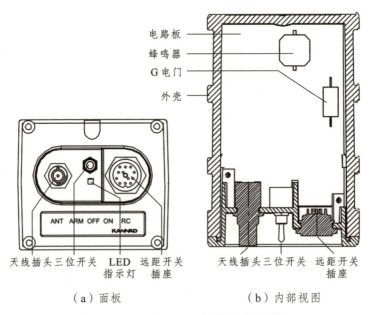

（a）面板 （b）内部视图

图 3.2 AF COMPACT 面板和内部视图

AF COMPACT 发射机内置部件为一个 G 电门、一个蜂鸣器、一个锂锰电池。其中，电池型号为 BAT200（件号 S1840510-01），6 年更换（实际更换日期/有效期以外部标签为准）。

2）固定支架

AF COMPACT 使用魔术贴绑带固定 ELT 的紧凑型支架（件号 S1840502-01），通过魔术贴绑带可以快速对 ELT 进行更换，如图 3.3 所示。

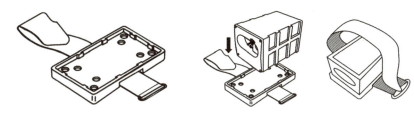

图 3.3　安装架和绑带

3）远距开关

AF COMPACT 可以选装 RC100、R102、RC103、RC200 等远距开关，注意不同的远距开关与 ELT 的连接线路不相同。例如，RC100 和 RC200 远距开关采用 3 线线束，R102 远距开关采用 2 线线束，RC103 专为 ACK 和 Ameri-King 替代改装设计，按手册进行安装。

远距开关为三位开关（有 ON、ARMED 和 Reset&TEST 位）和一个红色指示灯。远距开关面板安装在驾驶舱内，以便飞行员监控 ELT 状态和进行操作。其中，RC100 开关采用竖式前面板，使用 LED 灯、三位开关的零件在仪表板上进行组合安装，如图 3.4 所示。RC102 开关与 RC100 类似，且可以采用竖式和横式前面板（根据仪表板布局和空间来设计）。RC200 是一个完整的开关组件，如图 3.5 所示。

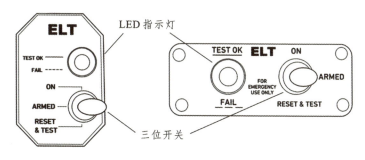

图 3.4　RC100 及 RC102 的开关面板（左竖式、右横式）

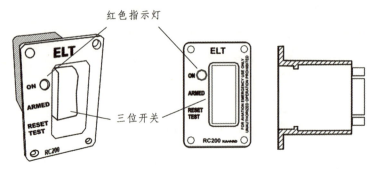

图 3.5　RC200 远距开关面板

4）外部天线

适配的外部天线安装在通用航空器上，不超过 250 kt 空速的低速航空器上安装 ANT200 型鞭形天线，如图 3.6（a）所示。对于不超过 350 kt 的航空器安装 ANT300 型杆形天线，如图 3.6（b）所示。还可以选装 RAMI AV100/AV200 鞭形天线，以及选装 RAMI AV300 杆形天线。

外部天线如受到损伤是不能修理的，更换时查阅手册确定适配的天线件号，避免混淆不同厂家天线型号而导致不适配。

ELT 通过一根 50 Ω的同轴电缆（如 RG58）连接外部天线，天线端是 BNC 公插头。

注：AF COMPACT 不适配刀形天线。

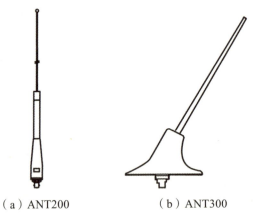

（a）ANT200　　　　　　　（b）ANT300

图 3.6　ANT200（鞭形）及 ANT300（杆形）外部天线

5）线束插头及编码模块

在 KANNAD ELT 系统当中，远距开关线束与 ELT 连接需要适配一个 DIN-12 插头，如图 3.7 所示。该插头可以是普通的 DIN-12 插头。如该插头配置有内部编码存储元件，则起到编码模块的功能，厂家手册使用 Programing dongle 这个名词。编码模块预先存储了需要写入 ELT 的 HEX ID 编码信息。

DIN-12 插头　　　　编码模块　　　　编码模块
后视图　　　（DIN-12 插头后视图）　　外观

图 3.7　线束插头及编码模块

在更换新 ELT 时，只需要将新 ELT 与编码模块正确连接，操作 ELT 开关从 OFF 位到 ARM 位，编码模块内的 HEX ID 编码信息就传输到新 ELT，完成编码。即使再拆下编码模块，ELT 仍然保留该编码信息。编码模块管理方便，避免了更替和报告编码的麻烦。

如不确定某航空器 ELT 系统是否安装编码模块，可以查看 ELT 远距开关线束 DIN-12 插头件号来进行判断。如件号是 S1820514-03，则是普通插头，不是编码模块。如果件号是 S1820514-01 或其他，则该插头为编码模块。

AF COMPACT 采用以下几种方式制作线束及插头：

（1）直连。

如图 3.8（a）所示，远距开关线束插头可以使用普通 DIN-12 公插头（件号 S1820514-03），也可以使用编码模块（件号 S1820514-01），制作完成后，整个线束中间没有中断。在连接远距开关一端，采用焊接引脚或制作插头的方式进行连接，具体见不同远距开关的设计。

但是不推荐采用直连方式安装编码模块。编码模块如果故障更换，拆装后要重新焊接线束。

（2）转接。

为便于在编码模块维护或检修时进行拆装，推荐在编码模块后制作一段短线束，在和远距开关的连接中增加一个转接插头，如图 3.8（b）所示。这样拆装编码模块时，断开转接插头即可。

（3）采用成品。

如图 3.8（c）所示，厂家提供了制作好的编码模块组件成品（即 Programming Dongle ASSY，件号 S1820514-06），厂家成品主要包括三个部分，连接 ELT 端的件号 S1820514-01 编码模块、短线束和连接长线束端的 DIN-12 母插头。

由于编码模块组件连接远距开关长线束一端为 DIN-12 母插头，适配 DIN-12 公插头（或编码模块），那么可以将成品组件嵌入直连的线路进行改进。

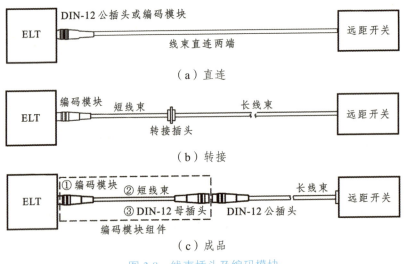

图 3.8　线束插头及编码模块

3. 标　签

KANNAD ELT 的外部标签提供 ELT 的重要信息和操作指南，包括粘贴在正上面的 ELT 主标签、后面铭牌标签，以及其他 FCC 等标签。

1）ELT 主标签

ELT 主标签除了标识 ELT 型号、简易安装和操作的图示说明外，还包括制造规范的符合性信息、类别，如图 3.9 所示。安装前，需确认的正确"飞行方向"箭头，ELT 使用说明，批准和环境类别，制造商。

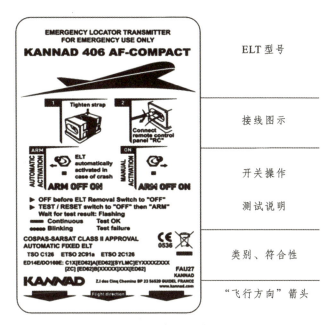

图 3.9　主标签示意图

2）铭牌标签

KANNAD ELT 由于生产版本不同，铭牌标签分为两个版本，如图 3.10 所示。

标签的上半部分为 ELT 标识和编码信息，记录 ELT 件号、版本号、序列号，以及记录编码协议、15 位 HEX 编码（标识号）、ELT 序号、飞机注册号。

标签的下半部分为电池信息，包括最近一次维护检查电池的日期、预计（控制）下次检查的日期、电池件号、电池的失效日期。

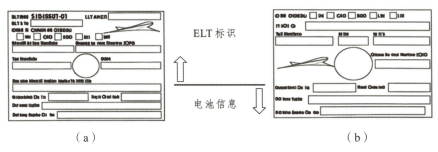

（a）　　　　　　　　　　　　　　　　　（b）

图 3.10　ELT 铭牌标签不同版本（左和右）

4. 规格参数

AF COMPACT 规格参数见表 3.1。

表 3.1 AF COMPACT 规格参数

规格	参数/性能
频率及精度	121.5 MHz：±6 kHz。 406.028 MHz 或更高：±1 kHz
调制	406 MHz：Biphase L（16K0G1D）二进制相移键控。 121.5 MHz：调幅 3K20A3X
输出功率	406 MHz：5 W（37 dBm＋/－2 dB）。 121.5 MHz：100～400 mW（20～26 dBm）
持续工作	406 MHz：在－20 ℃下超过 48 h。 121.5 MHz：在－20 ℃下超过 48 h
天线接口	BNC 母头
自动激活	G 电门：符合 EUROCAE ED62 规范的机械传感器
蜂鸣器	内置式
电池/寿命	锂锰电池，6 年
外壳	聚碳酸酯材料。黄色混合色
工作温度	－20～＋55 ℃
存储温度	－55～＋85 ℃
重量	含电池：典型 850 g（1.873 lb）；最大 1.929 lb（875 g）
尺寸 （长宽高）	带支架：5.51 in×3.85 in×3.4 in（140 mm×98 mm×86.4 mm）
环境条件	RTCA DO-160E/EUROCAE 第 4～24 节；符合第 25 节

3.1.2 功能和操作

1. 预位（Armed）

ELT 发射机开关置于 ARM 位，航空器驾驶舱面板上的 ELT 远距开关置于 ARM 位，将 AF COMPACT 系统置于预位待机状态。

在飞行期间，应强制性置于预位状态。除非飞机长时间停放或进行维护，否则 AF COMPACT 应始终保持在 ARM 位置。

当 ELT 的开关处于 ARM 位时，远距开关面板由 ELT 发射机供电。

2. 激活（On）

（1）手动激活：手动将驾驶舱远距开关从 ARM 位切换到 ON。或将 ELT 开关切换到 ON 位（地面维护或使用时）。

（2）自动激活：航空器在运行中，如发生撞击，处于预位的 ELT 内部 G 电门感受到冲击并触发，激活 ELT 发射。发射机在 50 s 后开始发射正式信号。

一旦发射机进入发射模式，发射机会按以下步骤进行工作：

① 在 406 MHz 频率上为间断发射，每隔 50 s 在 406.028 MHz 频率上发射一次数字脉冲信号，每次发射持续 440 ms。AF COMPACT 与其他 ELT 不同，可以在 406 MHz 频率上持续发射超过 48 h。

② 在 121.5 MHz 频率上连续发射（在每次 406 MHz 脉冲信号发射的间隔中连续传输。即 406 MHz 脉冲发射期间，121.5 MHz 发射被抑制）。ELT 在 406 MHz 频率上工作超过 48 h，监听可以收听到调制重复率为 3 Hz 的扫频音频（从 1 420 Hz 递减到 490 Hz）。

③ 红色指示灯闪亮：在 121.5 MHz 发射期间，每 0.5 s 一次短闪；在 406 MHz 发射期间，每 50 s 一次长闪。

④ 蜂鸣器：在 121.5 MHz 传输期间，每秒发出 2 次蜂鸣声。

3. 复位（Reset）

复位操作可以使激活的 AF COMPACT 关闭发射。

（1）如果是使用远距开关进行人工激活的情况，那么复位时将远距开关扳至 RESET & TEST 位保持 1 s 进行复位。如果是使用 ELT 发射机开关进行人工激活的情况，那么复位时将该开关扳至 OFF 位。

（2）如果是 G 电门自动激活的情况，那么将远距开关扳至 RESET & TEST 位并保持 1 s 来进行复位。

（3）如果是不确定的原因或系统故障导致的 ELT 激活，最快的做法是先操作远距开关进行复位。如 ELT 仍在发射，再打开 ELT 安装处进行检查和复位操作。

4. 自检（Self-test）

对 AF COMPACT 进行自检操作（最长持续 5 s），ELT 会启动内部检查程序，对电池电压、编码等进行自检，且启用与编码和测试设备的连接。

KANNAD ELT 可以将自检次数记录在发射机内，使用专用设备可以读取这个次数。自检过程中，蜂鸣器会持续发声。

具体操作如下：

（1）在远距开关面板上将开关从 ARM 位切换 RESET & TEST 位。

（2）ELT 开关从 OFF 位切换到 ARM 位时。

（3）或将远距开关（或 ELT 开关）从 OFF 位切换到 ON 位（不超过 50 s）。

大约 10 s 后，测试结果会在红色指示灯上进行显示。一次长闪，表示自检正确。一连串短闪表示自检错误。通过闪亮的次数指示 ELT 系统故障原因，见表 3.2。

表 3.2　红色指示灯指示故障原因

红色 LED 指示灯	故障原因
3 闪＋1 闪	电池电压不足
3 闪＋2 闪	发射功率不足
3 闪＋3 闪	电压控制振荡器锁定故障（频率异常）
3 闪＋4 闪	识别信息未编码

如果自检错误，应将 ELT 送厂检修，且不能放行航空器。

5. 关闭（Off）

当 ELT 开关置于 OFF 位时，ELT 发射机完全关闭，任何部分都不通电。仅当 ELT 从飞机上移除时，才应选择此模式。

ELT 远距开关无 OFF 位，不能在驾驶舱（飞机运行时）设置 ELT 为完全关闭。

6. 使用时间

AF COMPACT 在 121.5 MHz 频率上发射时长在 − 20 ℃ 的条件下超过 48 h。

与其他 ELT 不同，AF COMPACT 的 406 MHz 信号在 24 h 后不会停止，且 406 MHz 信号的传输会持续超过 48 h。

发射器电池的有效期固定为制造后 6 年。如果在电池的使用寿命期间没有激活使用 ELT，那么每 6 年必须更换一次电池。

注：该型电池的有用寿命为 12 年。制造厂商设计符合美国联邦航空规章，规定在电池有用寿命过半时进行更换，即 6 年必须更换一次。该项要求也符合中国民航规章，如 CCAR-91 和 CCAR-121 部关于应急定位发射机的相关条款。

3.1.3 安 装

本节对安装 AF COMPACT 到航空器上的主要内容进行分析介绍，如需要施工应查阅和严格执行安装手册要求。

AF COMPACT 发射机壳体是一个黄色塑料矩形盒子，发射机的面板用 4 颗螺钉固定到壳体上。ELT 发射机还需要安装在一个标准的支架或通用安装支架上。通过尼龙（魔术贴）绑带固定在安装支架上，可以快速拆下 ELT 发射机进行维护或更换。按航空器出厂构型进行 ELT 拆装时，按厂家手册进行。涉及加改装（即初始安装）设计时，还需要对 ELT 各组件的安装位置、构型、布线、重量平衡等要素进行综合考虑。

以下是初始安装需要参考的工作内容。

1. 安装位置

对于初始安装，需要设计 ELT 合理的安装位置，并考虑以下因素。

（1）ELT 一般选择安装在航空器的尾部，不能安装在磁罗盘或磁传感器的 30 cm 范围内。

（2）要考虑 ELT 和天线位置的合理性，确保同轴电缆长度适当。

（3）安装位置应易于接近，便于拆装外部天线插头和远距开关线束插头，并容易检查 LED 灯的工作状态。

2. 安装方向

由于 ELT 内置 G 电门有方向性，为确保 G 电门按设计要求激活 ELT，AF COMPACT 需要按照发射机标签上的"飞行方向（Direction of Flight）"指向来进行安装。

1）AF COMPACT 装于固定翼飞机。

G 电门的功能是感受纵向冲击减速度，因此 ELT 发射机及支架的初始安装是保持纵向轴线与飞机纵轴平行（最大偏差±2°），前面板指向飞机前方，如图 3.11（a）所示。安装时检查 AF COMPACT 标签上的"飞行方向（Direction of Flight）"箭头方向应与飞机纵轴一致并指向机头方向，支架在发射机的上方或在下均可以接受。

2）AF COMPACT 装于直升机。

AF COMPACT 还可以安装在直升机上，安装时检查 ELT 前面板方向斜向与直升机竖轴（偏航轴）呈 45°角，ELT 标签上的"飞行方向（Direction of Flight）"箭头方向指向直升机前端，如图 3.11（b）所示。采用这种方式在直升机上安装 AF COMPACT，还需要配置特殊的安装支架。支架在发射机的上方或在下均可以接受。

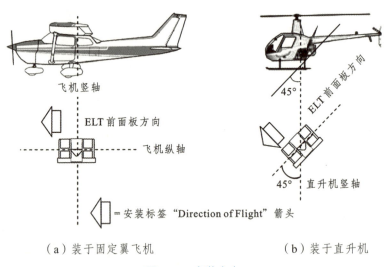

（a）装于固定翼飞机　　　　　　　　　（b）装于直升机

图 3.11　安装方向

3. 固定安装支架

在固定翼飞机上安装固定支架时，按照厂家提供的"钻孔模板"，在选定的安装结构上钻 4 个直径 6 mm 的孔（具体尺寸见安装手册关于件号为 S1840502-01 支架的图纸），如图 3.12 所示。如果航空器结构不够坚固，无法承受足够载荷[载荷计算方法:（ELT 发射机 + 支架重量）× 100]时，则应制作和安装加强板。安装时，拧紧螺母力矩为 4 ~ 5 N·m。

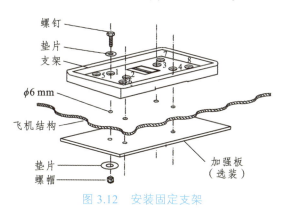

图 3.12　安装固定支架

4. 远距开关的安装

远距开关的拆装按照厂家维修手册要求进行。以下介绍初始安装 RC100 型远距开关的流程。

1）仪表板上的安装和接线

在驾驶舱仪表板上确定适合 ELT 远距开关安装的位置，要求是既不妨碍飞行人员正常操作，也便于人员接近和操作。

（1）获取和准备好 RC100 远距开关组件的安装包。RC100 开关是由竖式前面板、LED 灯、三位开关的零件在仪表板上组合安装而成，如图 3.13 所示。

（2）参考 RC100 安装示意图进行安装。注意图示中，关于各 LED、开关和电阻的引脚必须采用热收缩套管进行保护（在焊接引脚之前套入热缩管，见图 3.14）。

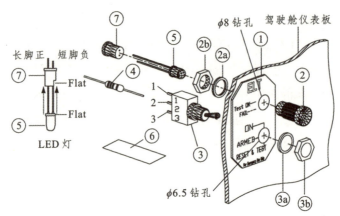

1—开关前面板；2—上部 LED 灯罩；2a，3a—垫片；2b，3b—螺母；3—三位开关零件；
4—电阻；5—LED 灯；6—识别标签；7—LED 底座。

图 3.13　RC100 远距开关组件的安装一

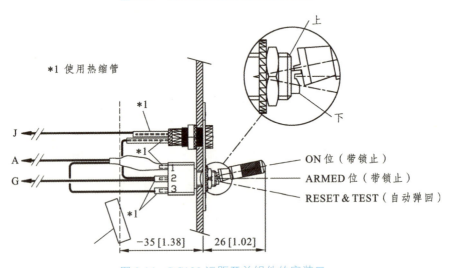

图 3.14　RC100 远距开关组件的安装二

（3）将开关前面板①放置在仪表板上。

（4）根据安装图示尺寸或厂家提供的钻孔模板，在驾驶舱仪表板上选定的远距开关安装位置处标记两个安装孔的中心，以定位钻孔中心。

（5）在上部 LED 灯罩②的安装处钻一个 $\phi 8$ mm 的孔。

（6）为下部三位开关零件③的安装处钻一个 $\phi 6.5$ mm 的孔。

（7）撕去开关前面板①的自粘膜，将它粘到仪表板上，前面板的两个孔要和仪表板钻孔对齐。

（8）按图示，将 LED 灯罩②穿过上部安装孔，在仪表板后部用垫片②a和螺母②b进行安装和紧固。

（9）将 LED 灯插入 LED 底座⑦中，平面对平面装好。

（10）焊接 LED 灯⑤的接线：用导线将 LED 灯⑤的正极（长引脚）连接到三位开关零件（3）的 2 号引脚上并焊好。负极与线束焊好（见线束的制作和接线）。

（11）焊接三位开关零件③的接线：1 号引脚上焊接电阻④的一端，3 号引脚通过一根导电条焊接在电阻④的另一端。电阻一端的导电条还要与线束焊接，并且 2 号引脚还要与线束焊接（见线束的制作和接线）。

（12）将"识别标签"⑥粘贴在开关附近的电缆束上。

（13）在线束的制作和接线完成后。

（14）将装好底座的 LED 灯⑤插入 LED 灯罩②内装好。

（15）将三位开关零件③从仪表板背面插入下部的安装孔，注意要将 ON位置于上方，然后用垫片③a和螺母③b安装并紧固。

2）远距开关线束的制作和接线

按照线路图来制作和接通线路。

（1）按照手册线路图及厂家提供的改装包，准备好插头、导线及其他附件。准备 AWG 24 号屏蔽线，制作足够长的 3 根导线，以适合驾驶舱到飞机尾部 ELT 的距离并有余量。

（2）根据线路图（见图 3.15），左侧靠近 ELT 一端可以选装普通 DIN-12插头，也可以选装编码模块。右侧靠近远距开关一端，将导线焊接到 RC100远距开关 LED 灯、开关零件的引脚上。在焊接引脚之前套入热缩管，焊接完成之后，加热热缩管来贴合保护焊接处。

（3）根据图 3.16，将远距开关各引脚与导线束的各导线进行焊接。

① LED 灯负极（短脚）与通向 ELT 端 DIN-12 插头 J 脚的导线端焊接。

② 远距开关内部电阻已经在 1 号引脚和 3 号引脚之间焊好连通（见仪表板安装），再将连通电阻一端的导电条与通向 ELT 端 DIN-12 插头 A 脚的导线端焊接。

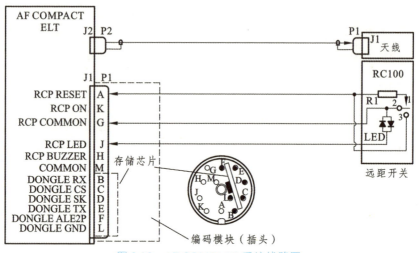

图 3.15　AF COMPACT 系统线路图

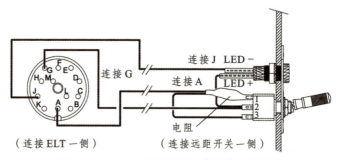

图 3.16　RC100 远距开关与发射机 3 线连接

③ LED 灯正极（长脚）已经与远距开关的 2 号引脚焊好连通（见仪表板安装），再将远距开关的 2 号引脚与通向 ELT 端 DIN-12 插头 G 脚的导线端焊接。

（4）对照图 3.16 焊接线束另一端 DIN-12 插头（普通插头或选装编码模块插头）上的 A、G、J 引脚。需要说明的是，由编码模块内部存储芯片已经焊接到 DIN-12 插头 B、C、D、E、F、L 引脚上，因此插头是否是编码模块，不影响 DIN-12 插头 A、G、J 引脚的焊接。

（5）组装好插头。

（6）在初始安装的其他工作全部结束后，正确装机并将远距开关 DIN-12 插头、天线馈线连接到 ELT，完成线路连接。

5. 外部天线安装

初始安装外部天线时，需要考虑以下要素：

（1）根据航空器速度，选择经批准的鞭形、杆形或刀形天线型号。

（2）确定外部天线的安装位置：天线应安装在航空器顶部，以确保卫星的最大可见度。外部天线应远离螺旋桨、尾部表面，或处于大型天线等突出物的阴影处；应远离其他天线。理想情况下，121.5 MHz 天线应距离其他 VHF 通信和导航接收天线 2.5 m，以减少不必要的干扰。并且，外部天线的安装位置应较为靠近 ELT 发射机，使得天线馈线较短。

（3）确定安装位置的结构强度：外部天线的安装平面应能够承受足够的静态载荷，即能承受各个方向相当于天线重量 100 倍的静力不变形，必要时应在安装平面安装加强板。

（4）建立金属接地面：对于采用非金属蒙皮的通用航空器，必须为天线加装一个金属接地面，以满足天线电磁兼容、方向性和增益等性能要求。可以在天线基座的各径向位置安装金属箔条，并将金属箔条固定在非金属蒙皮下，如图 3.17 所示。每个金属箔条的长度应至少等于天线的长度，金属条的宽度应至少为 1 in。接地面必须与天线接头、馈线的屏蔽层良好连接。

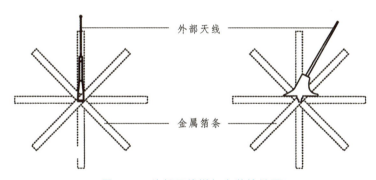

图 3.17　外部天线增加安装接地面

（5）外部天线馈线采用 RG58 标准的同轴电缆，其长度不应超过 2.7 m（9 ft）。如果需要更长的同轴电缆，则必须使用衰减小于 1 dB@400 MHz 的低损耗电缆。同轴电缆的两端为母头 BNC 插头。

6. 发射机的安装

将 ELT 发射器安装到支架上，确保 ELT 标签上的"飞行方向"箭头指向飞机前部，将魔术贴绑带穿过带扣，拉紧并返回粘贴到上部绑带。确保带扣处于 ELT 发射机的水平中心位置，如图 3.18 所示。

正确连接 ELT 与远距开关线束的连接，完成 ELT 与外部天线同轴馈线的连接。

安装后，应检查绑带的紧固情况。安装人员应尝试手动拉拔发射机，确认发射机已被牢固固定在支架中。

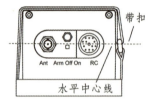

图 3.18　AF COMPACT 的固定

7. ELT 发射机的拆卸

以选装了 AF COMPACT 的 DA42NG 机型为例，其拆卸工序如下：

（1）移除后行李舱地板上的检修面板，参考 DA42NG AMM 第 25～50 节。

（2）在 ELT 前部断开天线同轴电缆、远距开关电缆。

（3）打开魔术贴捆带（对于金属锁扣型支架，则打开锁扣）。

（4）从 ELT 安装托盘上移除 ELT：

① 从安装托盘的前端提起 ELT。

② 将 ELT 向前上方移动，使其脱离安装托盘。

③ 将 ELT 完全移出飞机。

3.2　AF INTEGRA

3.2.1　概　述

KANNAD AF INTEGRA 系列广泛适用于轻型飞机、商务飞机或商用航空。AF INTEGRA 与其他 ELT 相比，具有五项优势：一是带有内置 GPS；二是带有内置 GPS 天线和 406 MHz 天线，遇险时外部天线破坏的情况下，也能发射信号；三是便携性好，可以从航空器上取下使用；四是可供选装导航接口，使用机载导航数据；五是集成功能的总体价格较低。

AF INTEGRA 有多种型号，见表 3.3。

表 3.3　AF INTEGRA

型号	航空器适用性	备注
AF INTEGRA	固定翼、直升机均适用	—
AF-H INTEGRA	仅适用于直升机	—
AF INTEGRA（ER）	固定翼、直升机均适用	带有（ER）标记的为改进版，主要改进之处在于 ELT 的温度适用范围扩展到 − 40 ℃。
AF-H INTEGRA（ER）	仅适用于直升机	带有（ER-N）标记的适配有导航接口

1. 组　成

虽然可以便携使用，但 AF INTEGRA 系列仍作为 AF 型初始固定安装在航空器上。AF INTEGRA 系统由以下部件组成：一个发射机、一个安装支架、一个批准适配的外部天线（可选鞭形、杆形、刀形天线）、一个远距开关 RCP、一个蜂鸣器、一个 DIN-12 插头或其他带编码模块的插头、一个蜂鸣器（可选），如图 3.19 所示。

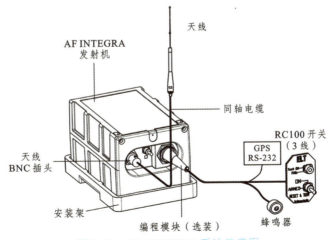

图 3.19　AF INTEGRA 系统示意图

对于一些航空器，如果飞行员从座位处可操作 ELT 发射机上的开关，且看得到发射机上的 ELT 工作指示灯，则可以不安装 ELT 远距开关。大多数情况下都是必须要安装远距开关的。

选装有 ARINC e-NAV 接口模块（件号 S1850581-01）的 AF/AF-H INTEGRA（ER-N）ELT，使用专用托盘支架（件号 S1850551-02）。该托盘支架较普通支架更长，带有 ARINC e-NAV 接口模块安装槽。e-NAV 接口模块通过 2 颗螺钉固定在托盘上；AF INTEGRA（ER-N）通过绑带和锁扣固定在托盘上，如图 3.20 所示。e-NAV 接口模块一端交联机载导航系统 ARINC-429 或 743 总线数据，另一端交联 ELT 和传输转换后的位置数据。e-NAV 接口模块需要接入航空器的 DC 28 V 供电。

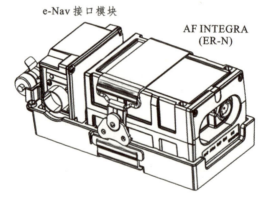

图 3.20　AF INTEGRA（ER-N）带有 e-NAV 接口模块

2. 系统组件

1）发射机

AF INTEGRA 发射机的外壳由具有极好机械强度的模压塑料制成，壳体无锐边和尖角。

在 AF INTEGRA 发射机面板上，从左到右配置有天线 BNC 插头，三位开关（ARM、OFF 和 ON）、红色 LED 指示灯、远距开关插座（DIN-12），如图 3.21 所示。

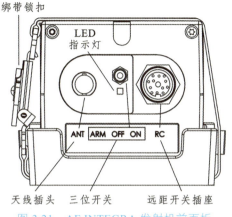

图 3.21　AF INTEGRA 发射机前面板

AF INTEGRA 发射机内置部件为一个 G 电门、一个蜂鸣器、一个锂锰电池、一个 GPS 模块和一个 406 MHz 备用天线。其中，电池型号为 BAT200（件号 S1840510-01），6 年更换（实际更换日期/有效期以外部标签为准）。内置天线和 GPS 模块如图 3.22 所示。

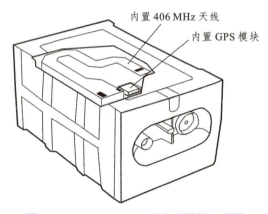

图 3.22　AF INTEGRA 的内置组件示意图

2）固定支架

KANNAD ELT 必须使用经过批准的支架进行安装。带有魔术贴（Velcro®）带的支架符合 ETSO-2C126/TSO-C126a 标准。带有锁扣绑带的安装支架符合 ETSO-126a/TSO-C126b 标准。虽然过去使用魔术贴及其支架来固定安装的情况是批准的，但该构型使得系统不符合 TSO-C126b。厂家推荐使用经过 TSO-C126b 认证的安装支架。

所谓"通用型"支架，是指通过在支架上提供更多的安装孔以及部分椭圆形孔，来适配旧支架的安装孔位置，一般在替代改装时使用。所有可以使用的支架都设计为允许将固定在 ELT 的左侧或右侧。

AF INTEGRA 可以兼容的支架见表 3.4。

表 3.4　AF INTEGRA 兼容的支架

件号	名称	说明	批准
S1840502-01	AF COMPACT 支架	魔术贴绑带，普通支架	TSO-C126a
S1840502-02	AF COMPACT 通用支架	魔术贴绑带，有更多的安装孔和椭圆孔	TSO-C126a
S1850551-04	AF INTEGRA 支架	绑带及锁扣，普通支架（见图 3.23）	TSO-C126b
S1850551-02	AF INTEGRA 通用支架（安装 e-Nav）	绑带及锁扣固定，有更多的安装孔和椭圆孔，带有 ARINC e-Nav 安装槽	TSO-C126b

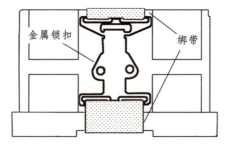

图 3.23　AF INTEGRA 锁扣支架（件号 S1850551-04）示意图

3）远距开关

AF INTEGRA 可选装的远距开关有 RC100、RC200、RC300、RC600、RC800 系列等，不同型号远距开关的系统连接线路不同。RC100 和 RC200 远距开关参见本书 AF COMPACT 章节介绍，其他开关可根据需求查阅厂家手册。

4）外部蜂鸣器

AF INTEGRA 可选装外部蜂鸣器，如图 3.24 所示。蜂鸣器在自检时持续发声，在发射 406 MHz 脉冲时静音，在发射 121.5 MHz 信号时每隔 0.7 s 蜂鸣一声。

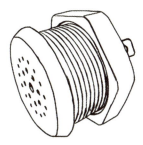

图 3.24　KANNAD ELT 外部蜂鸣器

5）外部天线

低速通用航空器适配安装 RAMI AV100/AV200 型鞭形天线（不超过 250 kt 空速），性价比较好。直升机适配安装 RAMI AV300 型杆形天线（该天线也同样可以适配空速不超过 350 kt 的固定翼飞机）。对于所有空速超过 350 kt 的飞机，适配安装 SENSOR SYSTEMS 公司的 ANT500 型刀形天线（见图 3.25）等选装天线。

用户选装的天线型号应为经批准的型号，详见安装手册。

外部天线的连接应使用 50 Ω 同轴电缆（如 RG58），末端为 BNC 公插头。

图 3.25　ANT500 外部天线

6）线束插头及编码模块

在 AF INTEGRA 系统当中使用的线束插头及编码模块，与 AF COMPACT 章节中描述的一致，同样为直连、转接、采用成品三种方式。

直连和转接方式不再赘述，以下简述对于 AF INTEGRA 系统，采用编码模块的成品如下所示：

（1）编码模块组件（Programming Dongle ASSY）。

编码模块组件（件号 S1820514-06），厂家成品组件包括件号为 S1820514-01 的编码模块、短线束和连接长线束端的 DIN-12 母插头。

（2）GPS 接口/编码模块（Dongle IF GPS RS232）。

GPS 接口/编码模块（Dongle IF GPS RS232，件号 S1820514-08），厂家成品组件包括内置编码模块、GPS RS232 接口和连接长线束端的 DIN-12 母插头，如图 3.26 所示。使用该模块，远距开关线束中应增加 RS232 的线路接线。

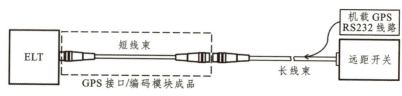

图 3.26　GPS 接口及编码模块的连接

（3）空客飞机编码模块。

KANNAD 为空客飞机上安装 AF INTEGRA 提供了适配的空客飞机编码模块成品，如下所示：

对于空客飞机编码模块 INTEGRA/SA 型（件号 S1820514-11），其成品包括件号 S1820514-01 编码模块、短线束和 Jaeger19 插头，并且短线束是符合 AIRBUS 标准的电缆。

对于空客飞机编码模块 INTEGRA/LR 型（件号 S1820514-07），其成品包括件号 S1820514-01 编码模块、短线束，短线束另一侧是开放的 5 个压接的金属引脚。

3. 标　签

AF INTEGRA 与 AF COMPACT 外部标签类似，标签提供了 ELT 的重要信息和操作指南，包括粘贴在正上面的 ELT 主标签、后面铭牌标签，以及其他 FCC 等信息。

4. 规格参数

AF INTEGRA 的规格参数见表 3.5。

表 3.5　AF INTEGRA 的规格参数

规格	参数/性能
频率及精度	121.5 MHz：±6 kHz。 406.037 MHz：±1 kHz
调制	406 MHz：Biphase L（16K0G1D）二进制相移键控。 121.5 MHz：调幅 3K20A3X
输出功率	406 MHz：5 W（37 dBm±2 dB）。 121.5 MHz：50～400 mW（17～26 dBm），典型为 100 mW
持续工作	406 MHz：INTEGRA（ER）为 −40 ℃ 下工作 24 h；INTEGRA 为 −20 ℃ 下工作 24 h 121.5 MHz：INTEGRA（ER）为 −40 ℃ 下工作 48 h；INTEGRA 为 −20 ℃ 下工作 48 h
天线接口	BNC 母头
自动激活	G 电门：符合 EUROCAE ED62 规范的机械传感器
蜂鸣器	内置式
电池/寿命	锂锰电池，6 年
外壳	聚碳酸酯材料，黄色混合色
工作温度	INTEGRA AF（ER）/AF-H（ER）：Ⅰ类，−40～+55 ℃。 INTEGRAAF/AF-H：Ⅱ类，−20～+55 ℃
重量	AF 型：1.66 lb（0.755 kg）。AF-H 型：1.67 lb（0.760 kg）
尺寸 （长宽高）	带支架：5.157 in×3.385 in×2.968 in（131 mm×86 mm×75.4 mm）
环境条件	RTCA DO-160F，欧洲 ED14F 规范第 4 到 26 章

3.2.2　功能和操作

1. 预位（Armed）

ELT 发射机开关置于 ARM 位，航空器驾驶舱面板上的 ELT 远距开关置于 ARM 位，将 AF INTEGRA 系统置于预位待机状态。

在飞行期间，应强制性置于预位状态。除非飞机长时间停放或进行维护，否则 AF AF INTEGRA 应始终保持在 ARM 位置。

当 ELT 的开关处于 ARM 位时，远距开关面板由 ELT 发射机供电。

2. 激活（On）

（1）手动激活：手动将驾驶舱远距开关从 ARM 位切换到 ON。或将 ELT 开关切换到 ON 位（地面维护或使用时）。

（2）自动激活：航空器在运行中，如发生撞击，处于预位的 ELT 内部 G 电门感受到冲击并触发，激活 ELT 发射。发射机在 50 s 后开始发射正式信号。

一旦发射机进入发射模式，发射机会按以下步骤进行工作：

① 在 ELT 激活第 1 个 50 s 后（第 1 个 50 s 内发射的是测试信号），发射机将 406 MHz 射频输出到外部天线进行。即每隔 50 秒在 406.037 MHz 频率上发射一次数字脉冲信号，每次发射持续 520 ms。AF INTEGRA 在 406 MHz 频率上持续工作 24 h 后停止发射。

② 发射机在 GPS 锁定之后在 121.5 MHz 频率上发射。如果 GPS 未锁定，在 5 min 内后也会激活 121.5 MHz 开始发射（同样是每次 406 MHz 脉冲信号发射的间隔中连续传输。406 MHz 脉冲发射期间，121.5 MHz 发射被抑制）。ELT 在 121.5 MHz 频率上持续工作超过 48 h，监听可以收听到调制重复率为 3 Hz 的扫频音频（从 1 420 Hz 递减到 490 Hz）。

③ 红色指示灯闪亮：正常工作时，通过每 0.7 s 一次短闪指示 121.5 MHz 正在发射；每隔 50 s 一次长闪指示 406 MHz 正在发射。

④ 蜂鸣器：在 121.5 MHz 传输期间每 0.7 s 蜂鸣 1 声；在 406 MHz 传输期间保持静音。如果 ELT 通过 VSWR 切换功能，切换到内置天线发射，那么每 0.7 s 会发出 2 声蜂鸣音。

3. 复位（Reset）

复位操作可以使激活的 AF INTEGRA 关闭发射。

（1）如果是使用远距开关进行人工激活的情况，那么复位时将远距开关扳至 RESET & TEST 位保持 1 s 进行复位。如果是使用 ELT 发射机开关进行人工激活的情况，那么复位时将该开关扳至 OFF 位。

（2）如果是 G 电门自动激活的情况，那么将远距开关扳至 RESET & TEST 位并保持 1 s 来进行复位。

（3）如果是不确定的原因或系统故障导致的 ELT 激活，最快的做法是先操作远距开关进行复位。如 ELT 仍在发射，再打开 ELT 安装处进行检查和复位操作。

4. 自检（Self-test）

对 AF INTEGRA 进行自检操作（最长持续 15 s），在此模式下，ELT 检查发射机的主要工作特性（电池电压、编码等），并启用与编码和测试设备的连接。KANNAD ELT 可以将自检次数记录在发射机内，使用专用设备可以读取这个次数。自检过程中，蜂鸣器持续工作。

具体操作如下：

（1）在远距开关面板上将开关从 ARM 位切换 RESET & TEST 位。

（2）ELT 开关从 OFF 位切换到 ARM 位时。

（3）或将远距开关（或 ELT 开关）从 OFF 位切换到 ON 位（不超过 50 s）。

大约 10 s 后，测试结果会在红色指示灯上进行显示。一次长闪，表示自检正确。一连串短闪表示自检错误。通过闪亮的次数指示 ELT 系统故障原因，见表 3.6。

表 3.6　红色指示灯指示故障原因

红色 LED 指示灯	故障原因
3 闪 + 1 闪	电池电压不足
3 闪 + 2 闪	发射功率不足
3 闪 + 3 闪	电压控制振荡器锁定故障（即频率异常）
3 闪 + 4 闪	识别信息未编码
3 闪 + 5 闪	错误的驻波比（到外接天线）
3 闪 + 6 闪	内置 GPS 串行链路问题

如果自检错误，应将 ELT 送厂检修，且不能放行航空器。

5. 关闭（Off）

当 ELT 开关置于 OFF 位时，ELT 发射机完全关闭，任何部分都不通电。仅当 ELT 从飞机上移除时，才应选择此模式。

ELT 远距开关无 OFF 位，不能在驾驶舱（飞机运行时）设置 ELT 为完全关闭。

6. 切换天线功能

对于每个发射的 406 MHz 数字脉冲信号，AF INTEGRA 会测量射频输出到天线的电压驻波比（VSWR）。如果 5 次测量到驻波比错误（说明射频输出与馈线和天线无法有效匹配），ELT 会切换输出天线，将射频从外部天线切换到内部天线，以确保信号成功发射。在发射（ON）模式下，发射 36 个数字脉冲后，ELT 会根据 2 个新的 VSWR 测量结果来决定是否将射频切换回外部天线进行发射。

7. 切换内置 GPS 功能

AF INTEGRA 带有内置 GPS 功能。为避免消耗 ELT 自带电池，内置 GPS 模块在预位（ARM）模式下不供电。在 ELT 碰撞（自动激活）或人工激活后，内置 GPS 伴随 406 MHz 报文的发射而不断尝试获取有效位置，内置 GPS 在连续模式下工作 1 h 及按不同序列工作到 24 h。如果内置 GPS 获取到有效位置，则下一个发射的 406 MHz 报文中带有该位置信息。如果内置 GPS 未获取到有效位置，则 406 MHz 报文中仅包含默认值（"GPS position not valid"，即 GPS 位置无效）。

AF INTEGRA 还带有 RS 232 接口，可以交联机载导航系统的 GPS 信号源（外部 GPS）。不过在交联外部 GPS 构型下，内置 GPS 提供的位置信息仍始终具有优先权。

①如果只有内置 GPS 获取有效位置，则 406 MHz 报文将包含内置 GPS 提供的真实位置；如果只有外部 GPS 信号源提供了有效位置，则 406 MHz 报文将包含外部 GPS 提供的真实位置。

②如果内置和外部 GPS 都获取有效位置，则 406 MHz 报文将包含内置 GPS 提供的真实位置；如果内置和外部 GPS 均未获得有效位置，则 406 MHz 报文将包含默认值（GPS 位置无效）。

③如果在提供有效位置数据后，导航 GPS 信号源输入失败或不可用，则 ELT 在最后一个有效位置数据输入后保留该位置发射 $4 h \pm 5 min$。$4 h$ 后，406 MHz 报文中的编码位置数据将设置为默认值（"GPS position not valid"）。

8. 使用时间

AF INTEGRA 的电池组件由 $LiMnO_2$（锂锰氧化物）组成。电池组件使用寿命为 6 年（具体应按 ELT 标签上的失效时间进行时控管理），如果 ELT 已启动超过 $1 h$，则应更换电池。ELT 功能测试或误发射都会累积一定启动时间，但是正常测试的次数和累积的启动时间是非常少的，如仅开展年度测试，那么启动累积时间可以忽略。不同的运行人可能记录启动时间和管理的方式不同，如果没有记录和累加 ELT 启动时间，应在激活 ELT（遇险或其他使用场景）或误发射之后提前更换电池。

在装有新电池条件下，AF INTEGRA 在 $-20\,°C$ 环境下传输 121.5 MHz 信号可以超过 $48 h$，而 AF INTEGRA（ER）ELT 在 $-40\,°C$ 环境下同样传输超过 $48 h$。为了优先保证 121.5 MHz 搜救寻的信号可靠传输，AF INTEGRA 在 $24 h$ 后终止 406 MHz 信号发射和留出足够的电池容量，能够尽可能延长 121.5 MHz 信号的传输时间以等待救援。

3.2.3　安　装

AF COMPACT 发射机壳体是一个黄色塑料矩形盒子，发射机的面板用 4 颗螺钉固定到壳体上。ELT 发射机还需要安装在一个支架上，通过支架自带的绑带（通过魔术贴或金属锁扣进行紧固）将发射机固定在支架上，以便快速拆装 ELT 发射机进行维护或更换。

ELT 的拆装比较简单，按航空器出厂构型及维修手册要求来操作即可。涉及加改装（即初始安装）设计时，还需要对 ELT 各组件的安装位置、构型、布线、重量平衡等要素进行综合考虑。

1. 安装位置

对于初始安装，需要设计 ELT 合理的安装位置，并考虑以下因素。

（1）ELT 一般选择安装在航空器的尾部，不能安装在磁罗盘或磁传感器的 30 cm 范围内。

（2）要考虑 ELT 和天线位置的合理性，确保同轴电缆长度是恰当的。

（3）安装位置应易于接近，便于拆装外部天线插头和远距开关线束插头，并容易检查 LED 灯的工作状态。

2. 安装方向

由于 ELT 内置 G 电门有方向性，为确保 G 电门按设计要求激活 ELT，AF INTEGRA 需要按照发射机标签上的"飞行方向（Direction of Flight）"指向来进行安装。

1）AF INTEGRA 的安装方向

AF INTEGRA 可以安装在固定翼飞机、直升机上。

对于固定翼飞机，安装时，ELT 标签上的"飞行方向（Direction of Flight）"箭头方向应与飞机纵轴一致并指向机头方向，在平行于飞机纵轴的任何位置（最大偏差±2°），如图 3.27（a）所示。支架在上方或下方都可以接受，但要保证 ELT 前面板指向飞机前方。

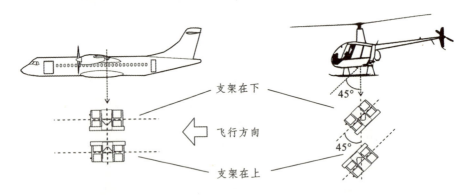

（a）安装在固定翼飞机上   （b）安装在直升机上

图 3.27　AF INTEGRA 在两种航空器安装方向

对于直升机，安装时，ELT 标签上的"飞行方向（Direction of Flight）"箭头方向应朝向直升机前向下方，指向与直升机立轴（偏航轴）成 45°角，位置可以选择与 45°平行的任何位置，如图 3.27（b）所示。支架在上方或下方都可以接受，但要保证 ELT 前面板朝向飞行方向的前侧。

2）AF-H INTEGRA 安装

AF-H INTEGRA ELT 只能安装在直升机上，安装时 ELT 标签上的"飞行方向（Direction of Flight）"箭头方向应指向直升机前方或底部。AF-H 型 ELT 禁止斜向下 45°安装。

（1）如果该型 ELT 安装时"飞行方向"箭头指向直升机前方，则 ELT 安装时为水平安装，支架在发射机底部，如图 3.28（a）所示。

（2）如果该型 ELT 安装时"飞行方向"箭头指向直升机底部，则 ELT 安装时应竖立安装，且支架位于发射机靠机头的一侧，如图 3.28（b）所示。

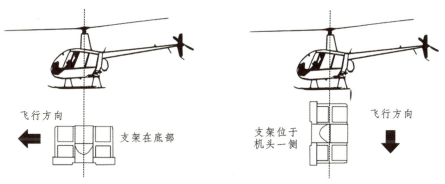

（a）"飞行方向"箭头指向直升机前方　　（b）"飞行方向"箭头指向直升机底部

图 3.28　AF-H INTEGRA ELT 在直升机上的安装方向

3．固定安装支架

一般选择带绑带及锁扣的 AF INTEGRA 支架进行安装，该支架与 AF COMPACT 支架各尺寸及安装孔一致，但重量略重，图示与 AF COMPACT 支架一致。

安装时，在选定的安装结构上钻 4 个直径 6 mm 的孔，用于安装支架 4 颗螺杆及其紧固件。应考察安装位置处的航空器结构的强度，如果无法承受

ELT 发射机与支架重量总和的 100 倍负载时，则应制作和安装加强板。安装支架时，拧紧紧固件螺母力矩为 4~5 N·m。

对于安装适配 e-Nav 模块的较长支架时，同样需要考虑安装空间恰当且强度和负载符合上述计算要求，其他安装方法一致。

4. 外部蜂鸣器安装

KANNAD 设计外部蜂鸣器安装在远距开关附近。根据蜂鸣器尺寸，制作一个支架进行安装。

5. 远距开关安装

AF INTEGRA 安装 RC100 远距开关与 AF COMPACT 系统相似，参考 AF COMPACT 章节并以手册为准。

此处对选装 RC200 型远距开关的初始安装简述一般方法。

1）安装到仪表板上

在驾驶舱仪表板上确定适合 ELT 安装的位置。RC200 远距开关为一个完整组件，需要 4 个螺钉孔和一个方形通孔。按照手册提供尺寸或厂家提供的钻孔掩模，在仪表板上切割出恰当的切口。采用恰当的钻头，标记和钻通 4 个孔。将 RC200 组件嵌入切口，在 4 个安装孔上安装铆钉，即完成安装。

对于驾驶舱仪表板上已没有空余安装位置的情况，厂家还提供了一种在仪表板下边缘加装 RC200 远距开关的办法，如图 3.29 所示。

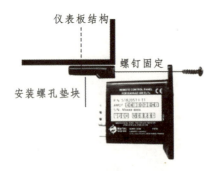

图 3.29　仪表板下方安装 RC200 远距开关

（1）确定适合 RC200 远距开关安装的仪表板下方位置。

（2）在仪表板下方选定的位置处打孔，用螺钉或铆钉将 KANNAD 提供的支架进行固定。

（3）用 2 颗螺钉将 RC200 远距开关固定到支架上。

2）制作和接通线路

按照线路图来制作和接通线路。

（1）按照手册线路图及厂家提供的改装包，准备好插头、导线及其他附件。准备 AWG 24 号屏蔽线，制作足够长的 4 根导线，以适合驾驶舱到飞机尾部 ELT 的距离并有余量。

（2）根据线路图（见图 3.30），左侧靠近 ELT 一端可以选装普通 DIN-12 插头，也可以选装编码模块。右侧靠近远距开关一端，制作 D-SUB 9 母插头与 RC200 组件插座进行连接。需要引脚焊接的部位应预先套上热缩管，焊接后加热热缩管贴合保护。

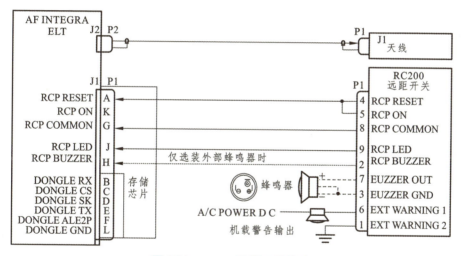

图 3.30　RC200 远距开关线路

（3）线束和插头的连接。

① 在 DIN-12 插头上，将 G、A、J 引脚分别焊上导线。

② 在 D-SUB9 插头上，先焊接插头 4、5 号引脚（插头内部接头），再将 DIN-12 插头过来的 A、G、J 这 3 根导线对应焊接到 D-SUB9 插头的 4、8、9 号引脚上，如图 3.31 所示。

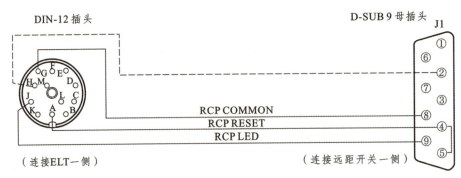

图 3.31　RC200 远距开关与发射机 3 线连接

③ 选装了外部蜂鸣器，则需要增加制作 DIN-12 插头 H 引脚到 D-SUB9 母插头 2 号引脚的接线。

④ 组装好插头。

（4）根据线路图，完成外部蜂鸣器在 D-SUB9 母插头上的接线（7、3 引脚）。完成 ELT 系统输出到航空器机载警告系统的接线（6、1 号引脚）。

（5）完成 D-SUB9 母插头与 RC200 远距开关的连接。

（6）在初始安装的其他工作全部结束后，正确装机并将远距开关 DIN-12 插头、天线馈线连接到 ELT，完成线路连接。

6. 外部天线的安装

初始安装外部天线时，需要考虑以下要素：

（1）根据航空器速度，选择经批准的鞭形、杆形或刀形天线型号。

（2）确定外部天线的安装位置：天线应安装在航空器顶部，以确保卫星的最大可见度。外部天线应远离螺旋桨、尾部表面，或处于大型天线等突出物的阴影处；同时应远离其他天线。理想情况下，121.5 MHz 天线应距离其他 VHF 通信和导航接收天线 2.5 m，以减少不必要的干扰。并且，外部天线的安装位置应较为靠近 ELT 发射机，使得天线馈线较短。

（3）确定安装位置的结构强度：外部天线的安装平面应能够承受足够的静态载荷，即能承受各个方向相当于天线重量 100 倍的静力不变形，必要时应在安装平面安装加强板。

（4）建立金属接地面：对于采用非金属蒙皮的通用航空器，必须为天线加装一个金属接地面，以满足天线电磁兼容、方向性和增益等性能要求。可以在天线基座的各径向位置安装金属箔条，并将金属箔条固定在非金属蒙皮下。每个金属箔条的长度应至少等于天线的长度，金属条的宽度应至少为 1 in。接地面必须与天线接头、馈线的屏蔽层良好连接。

（5）外部天线馈线采用 50 Ω阻抗的同轴电缆（RG58 或更好的），其长度足够 ELT 连接到外部天线。同轴电缆的最大允许衰减为 2 dB@400 MHz，末端为两个母头 BNC 插头。

7. 发射机的安装

支架安装好之后，将发射机安装在支架上，注意标签上的"飞行方向"与安装要求一致。

（1）对于采用魔术贴绑带固定的 ELT，应将带扣处于 ELT 的水平中心线上进行正确定位，再将魔术贴粘好紧固，如图 3.32 所示。

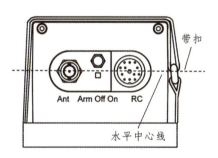

图 3.32　KANNAD ELT 的固定

（2）对于采用锁扣型绑带固定的 ELT，安装时先对准绑带的定位孔（金属环）与支架底部定位标记；环绕发射机后，将锁扣松开（蝴蝶型锁扣扳起成竖直状态再逆时针旋转），用锁扣上挂钩去勾住绑带的带扣；顺时针旋转锁扣，锁扣内部会拉紧挂钩，绑带紧固好发射机和支架后，将锁扣压平贴合在绑带一侧，如图 3.33 所示。需要注意的是，一是安装锁扣应锁定到位，歪斜的锁扣说明未到位；二是安装时金属锁扣和定位环的位置都不应处于发射机上方，会影响发射机内置天线的工作；金属锁扣始终处于发射机的侧面才是正确的安装。

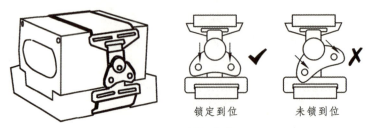

锁定到位　　　　　未锁到位

图 3.33　锁扣安装

3.2.4　拆　卸

以下以 R66 直升机上拆卸 AF INTEGRA 发射机为例进行说明。

1. 发射机及固定支架的拆卸

AF INTEGRA 是斜向安装在 R66 直升机上，支架通过 3 颗螺钉和直升机机身上部框架钢柱上的带孔夹环进行固定。

（1）解开一个捆住 ELT 组件和支架的 D693-4 长条扣带。

（2）解开支架上的魔术贴绑带。

（3）在 ELT 面板处断开远距开关插头（或编码模块）和外部天线同轴电缆。

（4）拆下 ELT 发射机。

如需要拆卸 ELT 支架，按以下要求进行：

（1）解开灭火器支架的扣锁并移除灭火器。

（2）先拆下 ELT 发射机，接近支架。

（3）拆下固定支架到机身框架上的紧固件，并取下 ELT 支架。

2. 其他组件拆卸

远距开关的拆卸：RC100 远距开关仅需要对故障的零件进行拆卸更换，松开固定 LED 灯及三位开关零件的紧固件，断开接线然后从仪表板后取出即可。更换后应重新焊接接线。

编码模块（如有安装）的拆卸：

（1）剪断并丢弃编码模块上的捆扎带，断开与一侧与 ELT 发射机的连接。

（2）断开编码模块另一侧和线束的接头。

（3）拆下编码模块。

天线的拆卸：R66 安装的是 AV300 型杆形天线，位于 F706-1 尾锥整流罩上。在整流罩蒙皮下铆接有加强板并通过 3 颗螺钉及其垫片、螺母进行紧固。拆卸天线应注意将密封胶清除干净，便于重新安装天线。

3.3　维护与测试

本节将对 KANNAD ELT 共通的维护与测试工作内容进行介绍。

3.3.1　KANNAD ELT 维护要求

1. 规章要求

1）12 个日历月定期检查

中国运行的航空器机载 ELT 应符合中国民航规章检查要求，ELT 应当在上一次检查后的 12 个日历月内再次完成 CCAR-91 部第 91.205 条第（1）款要求的检查内容。检查四项内容：安装情况；电池的腐蚀情况；控制和碰撞传感器的操作；天线是否有足够发射信号的能力。本节将对上述定期检查的内容进行具体介绍。

2）电池的检查和更换

KANNAD ELT 电池的更换应符合第 91.205 条第（k）款要求，体现在：一是在 ELT 被激活并一直使用后（或无意中被激活且使用时间未知）情况下，二是在 ELT 被激活累计超过 1 h 情况下，三是在 ELT 电池有效期即将到期的情况下，对电池进行更换。

由于 KANNAD ELT 是密封的，两次电池更换之间不太可能发生任何腐蚀。厂家建议不要分解 ELT，并提供了替代方法来检查电池，在不打开 ELT 的情况下测量电池的电压。如发现异常需要分解 ELT 和检查电池时，按厂家工作程序进行。

2. 厂家要求

1）定期自检

Kannd 建议对 ELT 定期通过自检进行系统检查，以尽早发现可能存在的故障。厂家建议每月进行一次自检，但频率不应超过每周一次。因为每次自检都会消耗 ELT 电池能量，如果自检频率过多，电池使用寿命将会比规定的时间短。

2）通告要求的检查

特殊适航信息公告（SAIB）HQ-12-32 已通知相关 ELT 制造商、维修人员，使用 Velcro 钩环绑带方式进行固定的 ELT 有在事故冲击中脱落并导致天线连接断裂，而使 ELT 失效的案例。因此，维修人员应在检查 ELT 时重新安装 ELT 已确认紧固良好，或定期更换钩环绑带。详细的检查方法和程序见厂家通告"对所有 KANNAD ELT 检查固定机构上的钩环式紧固件"（SB S1800000-25-00）。

3.3.2 检查与测试

1. 准备工作

1）工具器材

根据要执行的测试，使用厂家推荐的或评估等效的工具设备：

（1）50 Ω/1 W 的 BNC 接头负载。

（2）扭力螺丝刀，用来给紧固件打力矩。

（3）COSPAS-SARSAT 测试设备。

（4）监听 121.5 MHz 的航空频率收音机。

（5）测量 121.5 MHz 频率的频率计、瓦特计。

（6）具有最小/最大记录功能的数字万用表。

厂家提供了年检器材包（S1840510-02），包括 4 颗自锁螺母、4 颗内六角梅花螺钉、1 个红色 KANNAD 密封封签、1 个 O 形密封圈、2 个外标签（EES01928、EES01923）及 1 小盒干燥剂。分解打开 ELT 且没有完成水密性测试，或分解拆装中螺钉损坏，强制使用工具包零件进行更换。其他情况视情使用工具包零件进行换件。

如果执行电流测量，还需要准备以下工具：

（1）DC 6.5 V 电源供应，电流 5 A。

（2）微安表。

2）注意事项

对于 KANNAD ELT 射频发射时，两个频率的射频脉冲发射时序如图 3.34 所示。

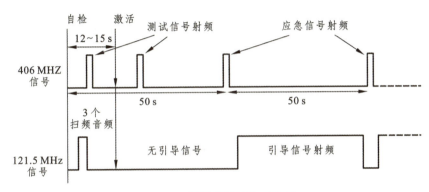

图 3.34　射频发射时序示意图

在发射测试工作中均应注意，ELT 发射时间不能超过 50 s，避免向卫星发射有效 406 MHz 信号。ELT 没连接天线插头或 50 Ω负载时禁止将 ELT 开关置于 ARM 或 ON 位，否则可能会损坏 ELT 发射机。准备航空频率收音机并调到 121.5 MHz 频率上进行全程监听；如发生测试之外的误发射应立即复位 ELT，并向本地无委办及空管部门报告。

如果测试发现 ELT 发射机存在故障，应立即进行更换，禁止带故障 ELT 放行航空器。

操作开关应注意先提拉开关的手柄进行解锁，再扳动到位。

2. 安装情况检查

按以下步骤检查 ELT 安装情况。

（1）确保飞机电气总电门处于 OFF 位。

（2）将 ELT 开关置于 OFF 位。

（3）从 ELT 发射机上脱开天线馈线接头和远程开关插头。

（4）松开 ELT 绑带，取下 ELT 发射机。

（5）检查绑带应无磨损和老化开裂的迹象。

（6）检查 ELT 发射机外观无异常，托盘支架固定可靠、无裂纹，导线束及天线馈线走向合理、无磨损、轻拉无松动，连接插头及插座外观良好，内部插钉无损坏、无弯曲。

（7）目视检查 ELT 三位开关的 4 个锁销（Locking latch）应无损坏，如图 3.35 所示。

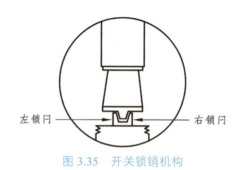

图 3.35　开关锁销机构

3. 电池腐蚀检查及电池更换

工作中应注意，一是做好静电防护；二是如果未使用年度检查器材包更换干燥剂，不要让 ELT 保持分解开封状态超过 2 h。

按以下程序分解 ELT（见图 3.36）：

（1）ELT 前面板拆卸：拆下固定 ELT 前面板①的 4 颗螺钉②和螺母③。小心抽出前面板组件直到能看见电池连接插头。脱开电池连接插头。将前面板组件从 ELT 外壳⑤中取出。

（2）从前面板组件上取下密封圈⑥，从前面板组件上的泡沫⑧上取下干燥剂⑦。

（3）从 ELT 发射机外壳中取出电池组⑨（禁止拉拽导线来取出电池）。

（4）检查电池和 PCB 板状况良好、无腐蚀和损坏。

（5）废弃拆下的螺钉、螺帽、O 形密封圈、干燥剂小盒及标签。

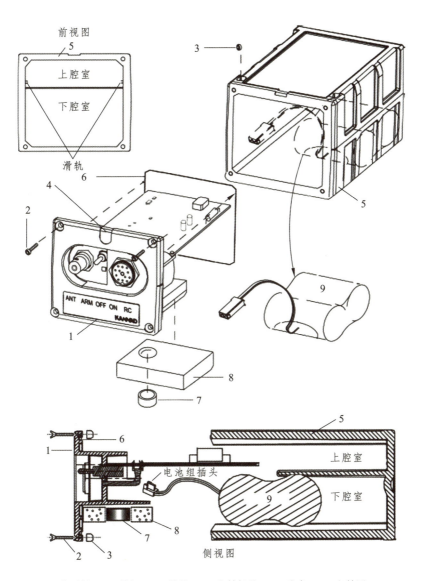

1—前面板；2—螺钉；3—螺母；4—密封标签；5—外壳；6—密封圈；
7—干燥剂小盒；8—泡沫；9—电池组。

图 3.36　ELT 分解图

如电池已到期则进行更换，然后组装 ELT。

（1）检查和清洁，确保所有部件（前面板、外壳和 O 形密封圈）清洁无尘。

（2）使用年检器材包中新的螺钉（2）、螺母（3）、O 形密封圈（6）和干燥剂小盒（7）进行组装。

（3）将电池（9）安装到外壳（5）内。

（4）将干燥剂小盒（7）插入粘在前面板（1）上的泡沫（8）中的孔中。将小盒的纸板一面朝向电路板（PCB）安装，塑料一面朝向外壳的下部。

（5）使用干燥的压缩空气清洁前面板的凹槽以去除灰尘。

（6）将 O 形圈（6）放入前面板（1）的凹槽中。

（7）将电池组（9）的插头接到前面板组件（1）的电路板（PCB）上。

（8）将前面板组件（1）插入外壳（5）的滑轨中，并将其滑入外壳，注意不要夹住电池线束。

（9）使用 4 颗螺钉（2）和螺母（3）将前面板组件（1）固定到外壳（5）上，使用（1±0.06）N·m[（8.85±0.53）in·lb]的力矩值拧紧螺钉。

（10）将新的红色 Kannd 密封标签（4）贴在前面板组件和 ELT 发射机外壳的上部。

4. ELT 密封性检查

该项检查可以选做，如果使用了年检器材包，则不需要进行 ELT 密封性测试。

（1）将 ELT 垂直浸入一个装有（55±5）℃[（131±9）℉]热水的容器中，覆盖 ELT。在 ELT 浸没时轻轻摇晃，以确保所有表面和附着的空气从 ELT 中逸出。

（2）确保在 5 min 后，没有成串的气泡从以下部位释放：密封圈附近表面上；插头、开关和 LED 边上；螺钉的紧固点。

（3）将 ELT 从水中取出并擦干。

注意可能出现逸出个别气泡，这是附着在形状边缘凹陷区域中的气泡，并不是渗漏。其他发现有渗漏的情况，应立即将 ELT 从水中取出，分解 ELT 并去除所有水分，找出渗漏的原因并进行必要的修复。

5. 电池电压测量

（1）在 ELT 天线插座上接好一个 50 Ω的负载。

（2）将数字万用表（具有最大/最小值记录功能）连接到 DIN-12 插座的 G（RCP COMMON）和 A（RCP Reset）针脚之间。

（3）ELT 开关扳到 ARM 位，启动自检。

（4）使用数字万用表测量电池电压，检查 406 MHz 传输期间的电压值。

（5）记录最小电压：该电压值必须超过 DC 5.1 V。

（6）将开关扳回 OFF 位。

测量的最小电压值是发生在 406 MHz 传输期间。注意在启动 ELT 自检前设置好万用表的 MIN HOLD（最小保持）功能，避免测试中万用表记录 0 V 作为最小电压。

6. 自检测试

自检是检查 ELT 是否存在问题的常规操作。在每次进行 ELT 维护后，均应对 ELT 进行自检。

（1）在测试前，确认 ELT 已正确连接外部天线。如检查整个机载 ELT 系统，应确认所有系统组件正确安装和连接。

（2）将监听收音机（或飞机 VHF 通信电台）调到 121.5 MHz。

（3）ELT 发射机开关处于 OFF 位。将开关从 OFF 位切换到 ARM 位，开启自检。如检查整个机载 ELT 系统，用远距开关操作进行自检。

（4）几秒后，观察 ELT 发射机上的红色 LED 指示灯应闪亮，并且蜂鸣器正常鸣响。121.5 MHz 监听设备中能收听到 3 声扫频音频。

（5）监控发射机的红色 LED，一次长闪表示自检正确。如自检发现错误，则 LED 指示一连串短闪（见各型号 ELT 的错误代码表）。

（6）自检结束。

7. 远距开关功能测试

通过远距开关进行自检、激活、复位操作，检查各项功能正常，LED 灯、蜂鸣器工作正常。

测试时，注意 ELT 本机上和远距开关面板上有两处 LED 灯，均应观察到位。注意蜂鸣器还有 ELT 内置和远距开关蜂鸣器的区别，如未选装远距开关处的外部蜂鸣器（部分型号的远距开关带有内置蜂鸣器，则无需外部蜂鸣器），则收听 ELT 内置蜂鸣器是否正常发声。

（1）检查 ELT 发射机开关处于 ARM 位，远距开关处于 ARMED 位。

（2）将远距开关扳到 RESET & TEST 位，自动回弹到 ARMED 位，即启动 ELT 系统自检。

（3）等待自检结束（最多 15 s），进行激活操作，将远距开关置于 ON 位。则出现：

① ELT 本机、远距开关面板上，LED 灯均闪亮。

② ELT 内置蜂鸣器、远距开关蜂鸣器均发声。

（4）将远距开关从 ON 位扳回 ARMED 位，此时 ELT 不会关闭发射，并保持激活状态。

① ELT 本机、远距开关面板上，LED 灯保持闪亮。

② ELT 内置蜂鸣器、远距开关蜂鸣器均继续发声。

（5）进行复位操作，将远距开关扳到 RESET & TEST 位并保持 1 s，自动回弹到 ARMED 位。复位成功则 ELT 停止发射。

① ELT 本机、远距开关面板上，LED 均熄灭。

② ELT 内置蜂鸣器停止发声，远距开关蜂鸣器最长 5 s 后也会停止发声。

（6）恢复飞机时，再次检查 ELT 开关和远距开关均处于预位。

（7）测试结束。

8. G 电门功能测试

完成以下测试工作，以验证 G 电门（即碰撞传感器）的工作正常。

（1）在 ELT 天线插座上接好一个 50 Ω的负载。

（2）将 ELT 上的开关置于 ARM 位，等待 ELT 自检结束。

（3）握住 ELT，对于 AF COMPACT 和 AF INTEGRA，使 ELT 向前方（标签箭头方向）猛然甩动；对于 AF-H INTEGRA，使 ELT 在向上倾斜 45°的情况下向前方（标签箭头方向）猛然甩动。

（4）确认 ELT 发射机工作，LED 灯闪亮且蜂鸣器发声。

（5）将 ELT 开关扳回 OFF 位，确认 ELT 停止发射。

（6）取下 50 Ω负载。

9. 406MHz 发射测试

该测试必须使用 COSPAS-SARSAT 测试设备进行。将测试设备置于与航空器 ELT 天线合适的距离。

（1）启动 ELT 自检，ELT 发射一段自检 406MHz 信号。

（2）用 COSPAS-SARSAT 测试设备监测到 ELT 发射的 406 MHz 信号，读取十六进制编码。

（3）检查编码，除第 5 位和第 6 位数字外，检查的编码信息应与预先写入 ELT 的编码信息完全相同。

进一步说明，自检的 406 MHz 射频信号（十六进制）始终以 FF FE D0 开头，而真实求救信号（十六进制）以 FF FE 2F 开头。这样，卫星不会处理以 FF FE D0 开头的测试信号，而测试设备则从 FF FE D0 之后的字符串中解码出 HEX ID。

假设某次测试 AF INTEGRA 射频发射，信号示例如下：

（1）测试信号为：FF FE D0 96 E3 AF 0F 0F 7F DF FF 62 60 B7 83 E0 F6 6C。那么 50 s 后发射的真实求救信号则为：FF FE 2F 96 E3 AF 0F 0F 7F DF FF 62 60 B7 83 E0 F6 6C。

（2） Cospas-Sarsat 测试设备接收信号，解码出 HEX ID 为：2DC75E1E1EFFBFF。

10. 121.5MHz 发射测试

全程使用 121.5 MHz 监听设备进行监听。

（1）监听频率调至 121.5 MHz。

（2）将远距开关置于 ON 位（或 ELT 开关置于 ON 位）。

（3）5 s 后仅听到 3 声扫频音频，然后 121.5 MHz 停止发射。

（4）进行复位操作，开关恢复到预位。

（5）监听 121.5 MHz 频率以确认 121.5 MHz 没有继续发射。

（6）测试结束。

3.3.3 编 码

如 ELT 编码不符合国别码要求或运行人需要，应重新进行编码。

1. PR600 编码

使用厂家提供的 PR600 编码套件和 KANNAD e-Prog 编码软件进行编码，如图 3.37 所示。

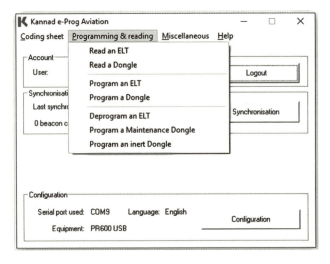

图 3.37　KANNAD e-Prog 编码软件

2. 编码模块（Programing Dongle）编码

准备一个带有正确编码的编码模块。

（1）将外部天线或 50 Ω 负载连接到 ELT 天线插座上。

（2）将 ELT 开关从 OFF 位扳到 ARM 位。

（3）观察 ELT 自检。如 ELT 无编码，则 LED 出现 3 闪 + 4 闪代码；如 ELT 之前有编码，则 LED 长闪一次。

（4）连接一个维护编码模块到 DIN-12 插座。

（5）将 ELT 从 OFF 切换到 ARM。

（6）检查自检测试应失败（3 + 4 次闪烁）（要求对编码为空的 ELT 采用该方式编码，避免可能编码模块故障带来的无法判断是否完成编码的情况）。

（7）从 J1 移除维护模块。

（8）将维护编码连接到 DIN-12 插座。

（9）将 ELT 从 OFF 切换到 ARM。

（10）在自检测试中，蜂鸣器会工作，几秒后，LED 指示自检结果，正常时应为一次长闪烁。如果编码模块正常，ELT 将从编码模块获取新的编码。编码完成。

（11）进行 ELT 功能测试，通过 ELT 测试设备检查编码是否正常。

第 4 章

ELT 编码规范

4.1 概　述

406 MHz 应急定位发射机在工作时，每隔 50 s 就会发射一段二进制编码数字信号。每个 ELT 及其发射信号中均包含一个唯一的 15 位十六进制的固定编码，包含有编码协议、国别码等很多标识信息，可以简写为 HEX ID。

4.1.1　ELT 信号结构

ELT 发射信号有两种基本格式，即长报文格式（Long message）和短报文格式（Short message）。短报文是一段 440 ms 的信号，其中最后 280 ms 包含一个 112 位的报文，比特率为 400 bit/s，见表 4.1。长报文是一段 520 ms 的信号，其中最后 360 ms 包含 144 位的报文，比特率为 400 bit/s，见表 4.2。

表 4.1　短报文编码信号的结构

字段名	功能	报文数据
（1）160 ms 未调制载波		
（2）位同步	位同步信号	第 1~15 位
（3）帧同步	帧同步信号	第 16~24 位
（4）第一段数据保护字段	格式标记	第 25 位
	协议标记	第 26 位
	国家码	第 27~36 位
	识别数据	第 37~85 位
（5）BCH 码 1	21 位 BCH 错误纠正码	第 86~106 位
（6）非保护数据字段	应急码或国家使用	第 107，108，109~112 位

表 4.2　长报文的数据

字段名	功能	报文数据
（1）160 ms 未调制载波		
（2）位同步	位同步信号	第 1～15 位
（3）帧同步	帧同步信号	第 16～24 位
（4）第 1 段数据保护字段	格式标记	第 25 位
	协议标记	第 26 位
	国家码	第 27～36 位
	识别数据	第 37～85 位
（5）BCH 码 1	21 位 BCH 错误纠正码	第 86～106 位
（6）第 2 段数据保护字段	补充数据 位置数据 国家使用数据	第 107～132 位
（7）BCH 码 2	12 位 BCH 错误纠正码	第 133～144 位

4.1.2　信号规范

1. 未调制载波

ELT 在发射已调制的信号之前，会发射一段 160 ms 的未调制载波信号，接着发射 1 s 的位同步信号，再发射帧同步信号。

2. 位同步和帧同步

（1）位同步信号使用了第 1 到 15 位，全为 "1"。

（2）帧同步信号使用了第 16～24 位。发射的帧同步信号如果设为 "011010000"，则表示 ELT 正在测试发射，卫星系统不会处理接收到 ELT 发射信号。当帧同步信号设为 "000101111" 发射，表示 ELT 正在真实地工作发射，卫星系统会在接收后进行后续处理。

3. 第 1 段保护字段（First Protected Field，即 FPF）

（1）第 1 段保护字段（FPF）由第 1 段保护数据字段（PDF-1）和第 1 个

BCH 错误纠正码构成（BCH-1），见表 4.3。PDF-1 包括第 25 ~ 85 位的数据，BCH-1 包括第 86 ~ 106 位的数据。

表 4.3　第 1 段保护字段的组成

数据位	25	（FPF）			106
内容	25	（PDF-1）	85	86　（BCH-1）	106

（2）第 25 位是格式标记，用来对编码为短报文还是长报文进行标识，见表 4.4。

表 4.4　第 25 位格式标记的内容

F = 0	短报文（Short Format Message）
F = 1	长报文（Long Format Message）

（3）第 26 位是标识协议，用来对编码采用的协议进行标识，见表 4.5。

表 4.5　协议的标识位

P = 0	标准定位协议 或 国家定位协议 （Standard Location Protocol or National Location Protocol）
P = 1	用户协议或用户定位协议 （User Protocol or or User Location Protocol）

（4）第 27 ~ 36 位是国家代码，用来标识该 ELT 注册使用的国家，见表 4.6。

表 4.6　"国家代码"数据位

数据位	27								36	
内容	0	1	1	0	0	1	1	1	0	0

（5）第 37 ~ 85 位，会根据不同的协议来设置不同的内容。

4. 第 2 段保护字段（Second Protected Field，即 SPF）

第 2 段保护字段（SPF）由第 2 段保护数据字段（PDF-2）和第 2 个 BCH

错误纠正码（BCH-2）构成见表 4.7。PDF-2 包括第 107～132 位的数据，BCH-2 包括第 133～144 位的数据。

其中，第 2 段保护数据字段，称为 PDF-2。PDF-2 字段只在长报文格式中设置，PDF-2 用于为各种定位协议提供补充的数据、位置或国家使用数据。根据国家管理部门要求，可以在"国家用户协议"中定义自己分配的二进制字段。

表 4.7　第 2 段保护字段的组成

数据位	107		（SPF）			144
内容	107	（PDF-2）	132	133	（BCH-2）	144

4.1.3　解码程序

COSPAS-SARSAT 官方网站提供了解码程序，用户将具体 ELT 的编码（HEX ID）输入并解码即可。

1. 进入解码程序

进入解码程序的方式。

（1）直接从网址 https://cospas-sarsat.int/en/beacon-ownership/seeing-information-programmed-in-your-beacon 进入。

（2）如果 COSPAS-SARSAT 官网在本书出版后更改了上述网址，那么比较简单的办法就是进入官网，找到主页第一个栏目 BEACON OWNERSHIP，然后点击下拉菜单，找到并点击 Seeing Information Programmed In Your Beacon 即可进入解码程序的界面。

（3）还有一种推荐的进入方法是，在 COSPAS-SARSAT 官网右边有个红色很醒目的按钮链接<COSPAS-SARSAT PROFESSIONAL>，点击即可进入官网的专业版，然后会有 6 个很直观的方形图标。点击第一个橙色的图标 Beacon Message Decod 即可进入解码程序，如图 4.1 所示。

图 4.1　COSPAS-SARSAT 主页（专业版）

2. 解　　码

进入解码程序之后，标题是 406 MHz Decode Program（Version 3.2），并且提示"本程序不能正确地解码来自 RLS、ELT（DT）或第二代信标（SGB）的报文"和提供了相应网址链接。

在输入框<1. Enter Beacon ID 15 Hex or Message（22 Hex or 30 Hex）>中，将编码复制粘贴进来，在选框<2. Pick Hex Format>中选择你输入的编码的位数。目前，通航机载 ELT 均为 15 位 HEX ID，那么选择<15 hexadecimal>，再点击<3.Click "Process" when ready>下的 Process 执行按钮。网页即显示该编码对应的解码结果信息。例如需要查询和确认一个待装机 ELT 编码的国家代码是否是中国，那么解码结果中找到"Country Code"栏，可以查到显示为"413 - China"，如图 4.2 所示。

在解码结果的下方，还列出了系统查询的与该 ELT 编码相关的关键信息，包括主管部门、搜救部门的地址、电话等联系方式。例如，可以查到中国代码 ELT 的主管部门是中华人民共和国海事局。

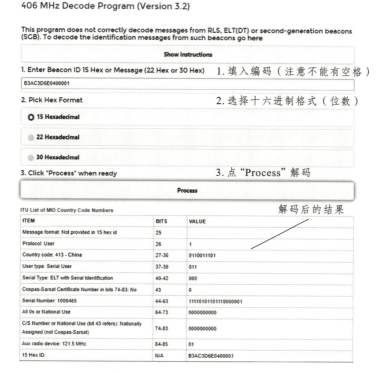

图 4.2　COSPAS-SARSAT 解码程序

4.2　编码协议

4.2.1　分　类

根据 C/S 系统对编码协议的说明，为了便于理解，可以将编码协议的分类简述为 2 个范畴和 4 种编码方式。这种分类的提法仅限于本书，目的是帮助读者较好地结构化理解编码协议。实际工作中，认识到所谓的编码方式指的就是 4 个最基本的编码协议即可。

4.2.2　两个范畴

编码协议按是否支持发射定位数据来划分两大范畴，即非定位协议

（none Location protocol）和定位协议（Location protocol）。采用非定位协议的ELT，在航空器遇险或事故后激活 ELT，ELT 持续发出不带有位置信息的无线信号，被动地由低极轨道卫星的多普勒定位技术来探测并定位 ELT 所在地点。采用定位协议的 ELT，通过内置或机载交联的 GPS 设备获取经纬度位置信息，并在触发后主动发射带有位置信息的无线信息并被卫星系统收集和传输。

这两个编码协议的范畴与 ELT 发射信号的长报文和短报文结构是绑定的。短报文采用非定位协议进行编码；长报文数据容量大一些，可以容纳位置数据，则可以采用定位协议进行编码。非定位协议使用的是用户协议的名称，均以 User protocol 结尾，称为某某用户协议。定位协议的英文名称，均以 Location protocol 结尾，称为某某定位协议。

4.2.3　4 种方式

编码协议按装机信息来划分 4 种最基本的编码协议方式，即不同的编码协议中均需要具体写入 4 项具体的装机 ELT 信息，即 ELT 序号、航空器地址码、航空器国籍登记号（机尾号）、运行人标识及编号这些关键装机信息。这也是《民用航空机载应急示位发射机管理规定》规定的 4 种方式，超出 4 种方式的编码协议是不符合上述规定的。

4.2.4　分类对照

用户在实际工作中，需要将同步将 ELT 送到具备编码维修能力的维修单位并且通知其编码需求。

一是用户的工程技术部门确定装机 ELT 系统构型为交联导航系统的情况，则采用定位协议；未交联导航系统的情况，应采用非定位协议的用户协议。

二是用户根据自己管理需要选择 4 种方式之一，然后通知编码的维修单位。

维修单位会按照用户要求和提供的信息，根据适用的编码规范选择正确的编码，完成编码后更换 HEX ID 标签。用户在获知具体编码之后，可以采用 C/S 官网的解码程序来核实编码信息是否符合自己的需求。

表 4.8 和表 4.9 所列为编码协议分类及结构。

表 4.8　"用户协议"结构

协议分类	编码方式
序号用户协议 Serial User protocol	（1）按 ELT 序号编码。 （2）按运行人标识及编号编码；即运行人的三字代码及其分配的编号。 （3）按航空器 24 位地址码编码
航空用户协议 Aviation User protocol	按机尾号（国籍登记号）编码

表 4.9　"定位协议"结构

协议分类	编码方式
用户定位协议 User Location protocol	（1）按 ELT 序号编码。 （2）按运行人标识及编号编码。 （3）按航空器 24 位地址码编码。 （4）按机尾号（国籍登记号）编码
标准-定位协议 Standard Location protocol	（1）按航空器 24 位地址码编码。 （2）按运行人标识及编号编码。 （3）按 ELT 型号批准编号和序号编码
国家-定位协议 National Location protocol	按国家序号（国家分配的 ELT 编号）编码。 注：该类协议不符合我国现行民航规范性要求

4.2.5　国家代码

编码根据 ELT 的实用场景选择恰当的编码协议。不管选择哪种协议，国家代码都固定设置在第 27 位到 36 位。

我国航空器 ELT 编码必须包含中国代码，否则应纠正。

4.3　数据结构

4.3.1　用户协议

1. 序号用户协议

序号用户协议（Serial User protocol），包含以下三种编码方式：

1）使用 ELT 序号进行编码（见表 4.10）

表 4.10　序号用户协议（按 ELT 序号编码方式）

数据位	内容	数据位	内容
第 1～24 位	位同步和帧同步	第 64～73 位	全 "0" 或国家使用
第 25 位	0	第 74～83 位	C/S 批准或国家使用
第 26 位	1	第 84～85 位	辅助无线电定位设备
第 27～36 位	国家码	第 86～106 位	BCH 码
第 37～39 位	0 1 1	第 107 位	应急标识
第 40～42 位	0 0 0	第 108 位	激活码
第 43 位	C/S 批准标识	第 109～112 位	应急码或国家使用
第 44～63 位	ELT 序号		

2）按运行人标识及编号编码（见表 4.11）

表 4.11　序号用户协议（按运行人标识及编号编码方式）

数据位	内容	数据位	内容
第 1～24 位	位同步和帧同步	第 62～73 位	运行人分配的 ELT 编号
第 25 位	0	第 74～83 位	C/S 批准或国家使用
第 26 位	1	第 84～85 位	辅助无线电定位设备
第 27～36 位	国家码	第 86～106 位	BCH-1 码
第 37～39 位	0 1 1	第 107 位	应急标识
第 40～42 位	0 0 1	第 108 位	激活码
第 43 位	C/S 批准标识	第 109～112 位	应急码或国家使用
第 44～61 位	运行人三字代码		

3）按航空器 24 位地址码编码（见表 4.12）

表 4.12　序号用户协议（按航空器地址码编码方式）

数据位	内容	数据位	内容
第 1～24 位	位同步和帧同步	第 68～73 位	附加的 ELT 编号
第 25 位	0	第 74～83 位	C/S 批准或国家使用
第 26 位	1	第 84～85 位	辅助无线电定位设备
第 27～36 位	国家码	第 86～106 位	BCH-1 码
第 37～39 位	0 1 1	第 107 位	应急标识
第 40～42 位	0 1 1	第 108 位	激活码
第 43 位	C/S 批准标识	第 109～112 位	应急码或国家使用
第 44～67 位	航空器 24 位地址码		

2. 航空用户协议

航空用户协议（Aviation User protocol），只对应一种编码方式，按航空器国籍登记号（机尾号）编码，见表 4.13。

表 4.13　航空用户协议（按航空器国籍登记号编码方式）

数据位	内容	数据位	内容
第 1～24 位	位同步和帧同步	第 83 位	0
第 25 位	0	第 84～85 位	辅助无线电定位设备
第 26 位	1	第 86～106 位	BCH-1 码
第 27～36 位	国家码	第 107 位	应急标识
第 37～39 位	0 0 1	第 108 位	激活码
第 40～81 位	航空器国籍登记号	第 109～112 位	应急码或国家使用
第 82 位	0		

3. 用户协议固定数据位

用户协议下，部分数据位的设置是固定的。

1）用户协议第 40 ~ 42 位代码

用户协议第 40 ~ 42 位代码规定了遇险信标类型，不限于 ELT，见表 4.14。

表 4.14　信标机类型（第 40 ~ 42 位）

第 40 ~ 42 位	信标机
0 0 0	按序号编码的 ELT
0 0 1	按运行人标识及编号编码的 ELT
0 1 0 和 1 0 0	EPIRB 船用信标机
1 1 0	PLB 个人用信标机
0 1 1	按航空器 24 位地址码编码的 ELT
1 0 1 和 1 1 1	备用

2）用户协议第 43 位代码及对应第 74 ~ 83 位

第 43 位代码指的是 C/S 批准标识，C/S 即 COSPAS-SARSAT。

"1"：表示后续第 74 ~ 83 位写入了 C/S 型号批准编号。

"0"：表示其他国家使用。

3）用户协议第 68 ~ 73 位

当多个 ELT 装在同一架航空器，且均按航空器 24 位地址码进行编码时，需在第 68 ~ 73 位增加一个附加的 ELT 编号。如该情况下仅装有一个 ELT，该字段默认为"0"。

4. 用户协议编码样例

对 HEX ID 为 B3A C3D6 E040 0001 的编码进行举例说明，见表 4.15。

表 4.15　用户协议 ELT 编码举例

名称	数据位	二进制数	对应内容
报文格式	第 25 位	0	短报文
协议标识	第 26 位	1	用户协议

名称	数据位	二进制数	对应内容
国家码	第 27～36 位	01 1001 1101	413（中国）
用户协议类型	第 37～39 位	0 1 1	序号
信标机类型	第 40～42 位	0 0 0	按序号编码
C/S 批准标识	第 43 位	0	其他（第 74-83 位非 C/S 批准编号）
序号	第 44～63 位	1111 0101 1011 1000 0001	1006465（ELT 序号）
国家使用标识	第 64～73 位	00 0000 0000	全 "0"（不是国家使用）
C/S 批准编号 或国家使用	第 74～83 位	00 0000 0000	全 "0"（非 C/S 批准编号）
无线电定位	第 84～85 位	0 1	121.5 MHz
BCH-1	第 86～106 位	11 1101 0001 1000 0000 1110	BCH 纠错码
应急或 国家使用	第 107 位	0	否（第 109～112 位为国家使用）
信标机激活	第 108 位	1	人工或自动激活
国家使用	第 109～112 位	0000	未使用（默认）

该编码样例包含信息如下：

（1）ELT 编码的国家代码是中国代码，其 ELT 序号为 1006465。

（2）该 ELT 采用用户协议编码，其编码的 HEX ID（第 26～85 位，二进制转十六进制）为 B3A C3D6 E040 0001。

（3）该 ELT 发射为短报文格式，信息（第 25～112 位，二进制转十六进制）为 BE AC3D 6E04 0000 1F46 0390。

4.3.2　定位协议 Location protocol

1. 用户定位协议

用户定位协议（User Location protocol），有四种编码方式：

1）使用 ELT 序号进行编码（见表 4.16）

表 4.16 用户定位协议（按 ELT 序号编码方式）

数据位	内容	数据位	内容
第 1~24 位	位同步和帧同步	第 64~73 位	全"0"或国家使用
第 25 位	1	第 74~83 位	C/S 批准或国家使用
第 26 位	1	第 84~85 位	辅助无线电定位设备
第 27~36 位	国家码	第 86~106 位	BCH-1 码
第 37~39 位	0 1 1	第 107 位	位置数据源
第 40~42 位	0 0 0	第 108~132 位	位置数据
第 43 位	C/S 批准标识	第 133~144 位	BCH-2 码
第 44~63 位	ELT 序号		

2）使用运行人标识及编号编码（见表 4.17）

表 4.17 用户定位协议（按运行人标识及编号编码方式）

数据位	内容	数据位	内容
第 1~24 位	位同步和帧同步	第 62~73 位	运行人 ELT 编号
第 25 位	1	第 74~83 位	C/S 批准或国家使用
第 26 位	1	第 84~85 位	辅助无线电定位设备
第 27~36 位	国家码	第 86~106 位	BCH-1 码
第 37~39 位	0 1 1	第 107 位	位置数据源
第 40~42 位	0 0 1	第 108~132 位	位置数据
第 43 位	C/S 批准标识	第 133~144 位	BCH-2 码
第 44~61 位	运行人三字代码		

3）使用航空器 24 位地址码编码（见表 4.18）

表 4.18　用户定位协议（按航空器地址码编码方式）

数据位	内容	数据位	内容
第 1～24 位	位同步和帧同步	第 68～73 位	附加的 ELT 编号
第 25 位	1	第 74～83 位	C/S 批准或国家使用
第 26 位	1	第 84～85 位	辅助无线电定位设备
第 27～36 位	国家码	第 86～106 位	BCH-1 码
第 37～39 位	0 1 1	第 107 位	位置数据源
第 40～42 位	0 1 1	第 108～132 位	位置数据
第 43 位	C/S 批准标识	第 133～144 位	BCH-2 码
第 44～67 位	航空器 24 位地址码		

4）使用航空器国籍登记号（机尾号）进行编码（见表 4.19）

表 4.19　用户定位协议（按航空器国籍登记号编码方式）

数据位	内容	数据位	内容
第 1～24 位	位同步和帧同步	第 83 位	0
第 25 位	1	第 84～85 位	辅助无线电定位设备
第 26 位	1	第 86～106 位	BCH-1 码
第 27～36 位	国家码	第 107 位	位置数据源
第 37～39 位	0 0 1	第 108～132 位	位置数据
第 40～81 位	航空器国籍登记号	第 133～144 位	BCH-2 码
第 82 位	0		

2. 标准定位协议（Standard Location protocol）

标准定位协议使用三种编码方式。注意安航空器地址码编码的标准定位协议采用了短报文，其他两种编码采用了长报文。

1）按航空器 24 位地址码编码（见表 4.20）

表 4.20　标准定位协议（按航空器 24 位地址码编码方式）

数据位	内容	数据位	内容
第 1～24 位	位同步和帧同步	第 65～85 位	15 min 分辨率的位置数据
第 25 位	0	第 86～106 位	BCH-1 码
第 26 位	0	第 107～110 位	1 1 0 1
第 27～36 位	国家码	第 111 位	位置数据源
第 37～40 位	0 0 1 1	第 112 位	辅助无线电定位设备
第 41～64 位	航空器 24 位地址码		

2）按运行人标识及编号编码（见表 4.21）

表 4.21　标准定位协议（按运行人标识及编号编码方式）

数据位	内容	数据位	内容
第 1～24 位	位同步和帧同步	第 65～85 位	15 min 分辨率的位置数据
第 25 位	1	第 86～106 位	BCH-1 码
第 26 位	0	第 107～110 位	1 1 0 1
第 27～36 位	国家码	第 111 位	位置数据源
第 37～40 位	0 1 0 1	第 112 位	辅助无线电定位设备
第 41～55 位	运行人代码	第 113～132 位	4 s 分辨率的位置数据
第 56～64 位	运行人分配的 ELT 编号	第 133～144 位	BCH-2 码

3）按 ELT 型号批准证书编号及其序号编码（见表 4.22）

表 4.22　标准定位协议（按 ELT 型号批准证书编号及其序号编码方式）

数据位	内容	数据位	内容
第 1～24 位	位同步和帧同步	第 65～85 位	15 min 分辨率的位置数据
第 25 位	1	第 86～106 位	BCH-1 码
第 26 位	0	第 107～110 位	1 1 0 1
第 27～36 位	国家码	第 111 位	位置数据源
第 37～40 位	0 1 0 0	第 112 位	辅助无线电定位设备
第 41～50 位	ELT 型号批准证书编号	第 113～132 位	4 s 分辨率的位置数据
第 51～64 位	ELT 序号	第 133～144 位	BCH-2 码

3. 国家定位协议（National Location Protocol）

国家定位协议只有一种编码方式，即按国家分配的 ELT 序号编码，见表 4.23。根据民航局规范性文件《民用航空机载应急示位发射机管理规定》所规定的 4 种编码方式，该方式不适用于我国民航，这里仅做介绍。

表 4.23　国家定位协议（及按国家分配的 ELT 序号编码方式）

数据位	内容	数据位	内容
第 1～24 位	位同步和帧同步	第 107～109 位	1 1 0
第 25 位	1	第 110 位	数据标识
第 26 位	0	第 111 位	位置数据源
第 27～36 位	国家码	第 112 位	辅助无线电定位设备
第 37～40 位	1 0 0 0	第 113～126 位	4 s 分辨率的位置数据
第 41～58 位	18 位身份数据，包括国家分配的 ELT 序号	第 127～132 位	国家使用
第 59～85 位	2 min 分辨率的位置数据	第 133～144 位	BCH-2 码
第 86～106 位	BCH-1 码		

4. 定位协议固定数据位

定位协议下，部分数据位的设置是固定的，注意与用户协议固定数据位进行区别。

定位协议第 37~40 位（见表 4.24）。

表 4.24　定位协议第 37~40 位代码

第 37~40 位	内容
0010	无关（EPIRB 船用信标机相关）
0011	按 24 位地址码编码
0100	按 ELT 序号编码
0101	按运行人标识编码
1000	按国家协议编码
0110，1010	无关（EPIRB 船用信标机相关）
0111，1011	无关（PLB 个人用信标机相关）
0000，0001，1110 及以上	其他（无关或备用）

5. 定位协议编码样例

对 C406-1 长报文定位协议编码，以 HEX ID 为 338 8555 398F FBFF 的编码进行举例说明，见表 4.25。

表 4.25　定位协议编码样例

名称	数据位	二进制数	对应内容
报文格式	第 25 位	1	长报文
协议标识	第 26 位	0	标准协议
国家码	第 27~36 位	01 1001 1101	413（中国）
用户协议类型	第 37~40 位	0100	按 ELT 序号编码
ELT 型号批准证书编号	第 41~50 位	00 1010 1010	170（C/S 批准证书号）
ELT 序号	第 51~64 位	10 1001 1100 1100	10700（ELT 序号）
纬度标识	第 65 位	0	默认值

名称	数据位	二进制数	对应内容
纬度：度	第 66～72 位	1111111	默认值
纬度：分	第 73～74 位	11	默认值
经度标识	第 75 位	0	默认值
经度：度	第 76～83 位	11111111	默认值
经度：分	第 84～85 位	11	默认值
BCH-1 码	第 86～106 位	1 0000 1000 1101 1011 0010	BCH-1 码
补充数据	第 107～110 位	1 1 0 1	固定值
位置数据源	第 111 位	0	外置位置数据源
辅助无线电定位设备	第 112 位	1	辅助无线电定位设备（"1"是，"0"否）
4 s 分辨率的位置数据	第 113～132 位	（参见以下举例）	作为 15 min 位置数据的偏移量
BCH-2 码	第 133～144 位	0001 0101 0001	BCH-2 码

该编码样例包含信息如下：

（1）ELT 编码的国家代码是中国代码，其 C/S 型号证书为 170，序号为 10700。

（2）该 ELT 采用标准定位协议并按 ELT 序号编码，其编码的 HEX ID（第 26 到 85 位，二进制转十六进制）为 338 8555 398F FBFF。

4.4　编码管理

本节对这 4 种编码方式的应用和管理进行简要说明。

4.4.1　发射机序号

如果运营人机队较大，那么可以采用 ELT 序号编码的方式。这种管理方式，一是要确保采购的 ELT 全部编码为中国国家代码，二是要确保每次更换 ELT 后向局方无委办报送编码更改信息。由于 ELT 可靠性较高，拆换的频次并不高，所以这种管理是很简单的，是推荐的编码方式。

4.4.2　航空器地址码

航空器地址码即 24 位 S 模式应答机地址码，局方依据运行人提出的申请来分配的 8 位八进制码。采用该编码方式，要核对该航空器应答机地址码无误。

采用该编码方式，应准备好正确编码的备件 ELT。如果没有正确编码的备件，也没有编码模块的情况下，编码 ELT 往返的周期就是航空器停场的周期。所以这种方式下，推荐能装用编码模块的 ELT 选型。

4.4.3　航空器国籍和注册号

与按地址码编码的方式相似，采用该编码方式，应准备完成了机号编码的 ELT 备件。特别是对于带有国外机号飞入国内交付的情况，需要将机载 ELT 拆下送维修单位编码，对应该机引进后的中国机号，并在办理电台执照的时候填报 ELT 编码。

4.4.4　营运人标识符合一个序列号

该编码方式是需要将运行人的 ICAO 三位字母代号加上运行人内部 ELT 自编序号（0001～4096）的信息包含到编码中。笔者并未接触到过按该编码方式进行管理的运营人。与其他方式不同，该方式可以对 ELT 备件按自编号批量编码，在运行中可以较为灵活的先更换 ELT 和保证尽快放行，避免处理编码信息上报和更新等待较长时间。

一是从 C/S 系统运作的角度来看，处理 ELT 报警信息的目的就是通知到监管局方和航空器运营人。这种编码方式因为已经在编码中包含运营人信息，所以 C/S 系统和监管局方处理报警信息就会比较简洁，侧重于联络运营人来获取航空器详细信息。运营人的自编号码用于运营人机队与 ELT 编码对应性的内部管理。

二是从运营人需求来看，该编码方式比较适用于大型运营人，特点是多运行地点（基地）、管理层级多，机队构成复杂，而且对运行准点的要求特别高，对航材价格不是特别敏感，ELT 备件充足，只是信息报送的处理环节比较多。这种情况下，对一线维修人员而言先行处置 ELT 的排故更换和放行，晚一些报送编码信息（包括报送局方）就是一种贴合实际工作的刚需。这种编码方式，将编码和航空器的绑定及其管理环节下放到运营人内部进行管理。即使内部自编号有误，也不影响 C/S 处理警报和通知局方。另外一些特定情况可能也适合这种编码方式，比如某些以租赁航空器为主的运营人，虽然机队不大，但是由于租赁或退租较为频繁，机队存在较多的动态变更，运营人采用这种方式可以方便 ELT 在机队中的重复调配使用。

三是目前通航领域内尚未见到实用该方式的运营人。如需要选择这种方式，应提前与局方沟通，得到认可后再施行。并且要注意内部管理要严格，管好 ELT 编码相对于航空器的对应唯一性。

4.4.5　小　结

需要强调的是，无论采用什么编码方式，只要是单机装机的 ELT 编码出现变化，就应按一定的流程向局方报送更新对应航空器正确的编码信息。

第 5 章

ELT 故障案例

5.1 概 述

ELT 系统是航空器应急系统，日常的航空器运行中不会对 ELT 进行操作，ELT 也不会进行发射。因此，ELT 系统故障率与航空器的运行小时数没有直接关系。ELT 装机构型、安装结构及其组件的可靠性与 ELT 系统故障率相关，部分与航空器运行环境相关，如腐蚀和潮湿等因素。但是由于 ELT 在使用、维护中，可能出现误发射、不按规定时间段发射等产生干扰频率的问题，历来局方非常关注并提出了很高的管理要求。

笔者收集分析了过去十多年、多种机型上的 ELT 故障信息，经统计，大部分是 ELT 发射机本体故障，故障表现为 G 电门测试通不过、测试时不发射编码、频率测试通不过、发射机内部电路故障等。其他组件故障的占比很低。例如，有 ELT 远距开关故障，表现在远距开关失效、无法复位等问题。天线、电池、蜂鸣器等组件也有个别故障发生。其中，天线故障有一些偶然因素，如出现过天线折断或松动的问题。

从故障信息中还可以看到，定期检查和功能测试是发现 ELT 系统故障最主要和有效的手段。通用航空器的运行人，需要严格落实 ELT 年度检查工作，以确保 ELT 应急设备持续处于良好可用状态。

5.2 典型案例

5.2.1 系统组件故障类

1. G 电门故障

1）事件描述

某日，维修人员按工作单卡要求对一架 Cessna 172R 飞机进行 ELT 年度测试时，G 电门功能检查测试通不过，不能触发 ELT 工作。

2）故障原因

经检查，确定是 ELT 发射机的 G 电门或内部电路板线路故障。

3）排故措施

更换 ELT 发射机后，ELT 系统恢复正常。

4）提示和建议

为避免 ELT 设备因为掉落冲击、粗暴搬运或运输过程中被激活，ELT 的 G 电门控制回路均被设计成开路，仅当连接上电气插头后通过插头内的短接跳线来接通整个 G 电门回路。因此，在进行 G 电门测试工作时，需使用一个短接跳线工具来短接 G 电门功能引脚（如 ME406、ELT1000 需短接 5 号和 12 号引脚，可自制短接跳线工具）。

当出现 G 电门测试通不过时，工作者应首先检查跳线是否连接正确、可靠；若确认连接无误，手握发射机再次沿标注箭头方向甩动然后迅速反向甩动以激活 ELT，若依然不能触发，则可确认发射机本体故障。

2. 发射机故障

1）事件描述

某日，维修人员按工作单卡要求对一架 DA42NG 飞机进行 ELT 年度功能测试时，自测试 LED 灯出现短暂闪烁 "3 + 1"，故障码对应电池电压低，更换 ELT 电池后自测试，故障现象复现。

2）故障原因

经检查，确定是 ELT 发射机本体故障（内部电路板故障）。

3）排故措施

更换 ELT 发射机后，ELT 系统恢复正常

4）提示和建议

此类故障首先考虑 ELT 电池是否故障。若更换新的 ELT 电池后，自测试 LED 红色指示灯仍闪烁电池电压低故障码，则可判断是 ELT 发射机本体故障。

对于某些飞机安装的 KANNAD AF COMPACT 和 AF INTEGRA，出现上述电池电压低故障码时，可以通过测量电池电压研判故障码是否属实，具体步骤如下：

（1）在 ELT 发射机的天线接口上连接 50 Ω的负载。

（2）将数字式万用表表笔分别连接到 DIN-12 插头的 G 孔和 A 孔。

（3）将 ELT 发射机上的开关置于 ARM 位，测量 406 MHz 信号发射期间电池电压，若大于 5.1 V，则电池电压符合要求，研判发射机本体故障，否则为电池电压低。

（4）将 ELT 发射机上的开关置于 OFF 位。

3. 远距开关故障

1）事件描述

某日，维修人员在刚刚完成 Cessna 525 飞机航后维护工作时，后舱的 ELT 蜂鸣声响起警告声，同时发现驾驶舱仪表面板上的 ELT 红色指示灯点亮。维修人员对远距开关复位后，警告声响消除，但 ELT 指示灯仍点亮。

2）故障原因

经维修人员进入驾驶舱检查远距开关位置，发现远距开关处于正常的预位（ARM），由于警告声响一直存在，维修人员即进行 ELT 复位操作。但复位无效，警告声响再次响起。随即维修人员使用 ELT 主机上的开关操作进行复位，关闭了 ELT 发射。而此时远距开关指示灯仍处于点亮状态。

经检查，确定为远距开关组件故障。

3）排故措施

更换 ELT 远距开关后，恢复 ELT 系统正常。

4）提示和建议

远距开关组件故障有一定概率，按照手册和方案确定的定期检查要求，认真完成系统功能测试，从而预先发现远距开关组件的问题并纠正。

应加强维修人员培训，维修人员无论是机械专业还是电子专业人员，均应熟练掌握 ELT 复位流程并及时上报事件信息。在远距开关不能复位时，尽快操作 ELT 主机开关进行复位。

4. 线路受潮故障

1）事件描述

某日，某飞行机组执行 Cessna 172R 飞机训练任务，正常开车时机组发现飞机 ELT 红色指示灯亮起，于是报告塔台并进行复位操作，但 ELT 仍在发射。直到维修人员前往检查复位后，ELT 停止发射但指示灯依旧未熄灭。其间塔台监听到 ELT 发射信号时间约 4 min。

2）故障原因

经调查，确定故障原因为 ELT 线路受潮，红色指示灯线路接插件有水汽凝结而导通，导致指示灯暗亮。其亮度低于正常工作亮度，但 ELT 实际未发射，无须进行复位操作。由于指示灯暗亮误导了机组的判断，导致机组做复位操作时反而打开开关激活 ELT 发射。

3）排故措施

对受潮线路接插件进行处置，恢复 ELT 系统正常。

4）提示和建议

应加强 ELT 基础知识培训，提示飞行人员注意区别暗亮和发射点亮，当不确定时，还可使用甚高频电台监听 121.5 MHz 来判断 ELT 是否真实发射。

雨水天气湿度过大可能导致线路受潮，维修人员应关注 ELT 系统组件密封性，对容易受潮的接插件进行必要的防水处理。

5.2.2　ELT 非正常发射类

1. 误触碰远距开关触发

1）事件描述

某日，一架 SR20 飞机执行训练任务后，机组在执行停机后检查单时，发现 ELT 工作灯闪亮，ELT 远距开关处于 ON 位。机组立即通知机务人员进行复位。经调查，机组在执行着陆后检查单过程中，在检查备用静压源开关位置时，误触碰 ELT 远距开关至 ON 位，导致 ELT 非正常发射，误发射时长约 5 min。

2）原因分析

SR20 飞机 ELT 远距开关的安装位置位于正驾驶飞行员右腿外侧前下部区域，紧靠发动机备用进气活门控制手柄及断路器面板位置处。该区域较为隐蔽且易被遮挡，在日常机务维修工作及飞行机组执行检查单过程中，ELT 远距开关易被误触碰到而导致 ELT 非正常发射。

3）预防措施

如图 5.1 所示，将 ELT 远距开关变更安装位置到驾驶舱左仪表板上空余位置。新的远距开关位置，既有利于飞行人员的观察与操作，也便于机务人员的维护与检查，可以有效杜绝 ELT 误触发事件的发生。

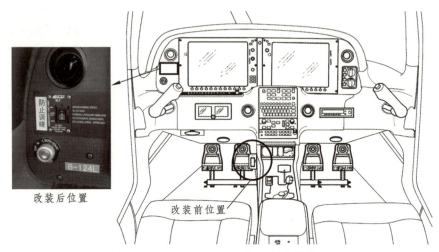

图 5.1　SR20 飞机 ELT 远距开关安装位置

对于没有条件实施加改装的通航单位，应加强飞行、机务人员的操作培训和安全教育，一方面增强避免误触碰 ELT 远距开关的主动意识，另一方面如果出现误触碰，应立即进行复位，避免长时间误发射，并且要立即上报误触发事件。

2. 线路干扰意外触发

1）事件描述

某日，在对一架 SR20G6 飞机实施发动机预润滑工作时，地面电源插头内部控制线接触不良，通电过程中出现了意外通断现象，导致飞机 ELT 非正常触发。机上人员发现后及时采取措施，通过远距开关复位 ELT。

2）原因分析

西锐飞机公司为 SR20G6 设计有开伞自动触发 ELT 发射的功能，正常情况下，当拉出 CAPS 手柄时，手柄传感器提供"地信号"使 S608 干簧继电器吸合，从而使 ELT 发射机发射。SR20G6 选型的 S608 继电器是瞬态电压敏感元器件，抗瞬态电压干扰的特性较弱。如图 5.2 所示，从线路上分析，S608 继电器直接由蓄电池热汇流条供电，在断开飞机主蓄电池（BAT 1）的情况下，若电路中产生了瞬态高压（如上述外部电源内部线路接触不良导致的"跳火"），瞬态高压尖锋脉冲会使 S608 继电器短时接通，导致 ELT 非正常触发。

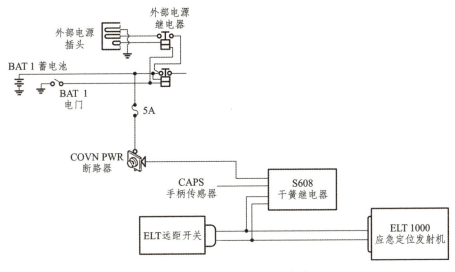

图 5.2　SR20G6 的 ELT 系统线路图

3）预防措施

SR20G6 飞机需要使用外部电源进行地面维护工作时，应接入主蓄电池，这样即使飞机电气线路出现短路、设备跳火等故障情况导致用电负载突变时，主蓄电池会吸收瞬态高压尖锋脉冲，避免 ELT 非正常触发。

若必须脱开飞机主电瓶使用外部电源供电时，应在供电前拔出"CONV LIGHTS"断路器，并安装断路器夹和警告牌；脱开地面电源后，方可取下断路器夹和警告牌，并复位"CONV LIGHTS"断路器。

应加强机务人员的操作培训和安全教育，了解和掌握该机型可能出现工作中意外触发的特点，在出现意外误触发时（如已听到蜂鸣器声响），应立即进行复位，避免长时间误发射，并且要立即上报误触发事件。

3. 维修人员未正确理解 ELT 功能

1）事件描述

某日，维修人员在上午 9:00 前 5 min 内完成了某架 Cessna 525 飞机维修方案要求的 ELT 年度发射测试工作。9:27，维修人员执行工作单要求的"ELT 系统 LRU 断路器操作检查"部分时，断开了 ELT 远距开关供电断路器，等待超过 1 min 后，打开飞机主电门，将 ELT 远控开关置于 ON 位，此时发现远控开关上的指示灯开始闪亮，扬声器内有 ELT 警告音频，维修人员发现触发了 ELT 误发射，随后立即关闭 ELT 远控开关，监控远控开关上的指示灯停止闪亮，扬声器内的 ELT 警告音频停止，发射时间约 2 s。

2）原因分析

根据 C406-N 型 ELT 电气线路图，驾驶舱 ELT 远距开关的供电仅为其红色指示灯提供工作电源，如果供电失效不影响 ELT 远距开关对 ELT 的功能操作。

此次事件是维修人员对于 ELT 系统工作原理掌握不全面，凭借对断路器的常识理解，以为 ELT 远距开关供电断路器可以禁用远距开关，断电后操作 ELT 开关到"开位"不会导致 ELT 发射。

3）预防措施

加强维修人员对于 ELT 系统工作原理的培训。让维修人员意识到 ELT 操作的特殊性，由于 ELT 系统是自带电源的独立系统，且为应急设备，ELT 系统不能通过机载的断路器进行禁用。远距开关即使在红色指示灯不工作时，也可以操作 ELT 进行发射，这时需要通过蜂鸣器或监听来判断 ELT 是否处于发射状态。

术语	全称	说明
AC	Advisory Circular	咨询通告，包含公开参考信息的民航当局公告，如 FAA AC，CAAC AC
ACTIVE		激活
AD	Automatic Deployable	自动展开型
AF	Automatic Fixed	自动固定型
AMM	Aircraft Maintenance Manual	飞机维修手册
Antenna		天线
AOD	Aircraft Operator Designator	运营人标识
AP	Automatic Portable	自动便携型
ARM		准备好的，预位
ARTEX		ELT 制造厂家（品牌）
AWG	American Wire Gauge	美国线规，电线直径标准
BATTERY		蓄电池
BNCConnector	Bayonet Nut Connector	同轴电缆接插头，阻抗为 50 Ω，用于射频信号连接
Buzzer		蜂鸣器
CAPS	Cirrus Airframe Parachute System	西锐飞机降落伞系统
Cessna		飞机制造企业
Citation		奖状飞机，Cessna 公司生产制造系列机型的商业名称

术语	全称	说明
COSPAS-SARSAT	Cosmicheskaya Sistyema Poiska Avariynich Sudov & Search and Rescue Satellite-Aided Tracking	全球卫星搜救组织，管理国际卫星搜索和救援遇险警报探测和信息分发系统的国际组织
Deactivation		停用
Drip Loop		滴水环，指在较长的电线或电缆中特意绕成 U 形弯曲结构，以便环境中凝结在线缆上的水或其他液体从环的底部流下并滴下，电气接头位于环的顶部，从而避免被液体腐蚀
D-SUB		一种连接结构
DT	Distress triggered	自动触发
	Distress Tracking	自动追踪
ELT	Emergency Locator Transmitter	应急定位发射机，安装在飞机上，用于向 SAR 卫星系统发送紧急信号的应急信标
ELT to Nav Interface		导航接口组件
EMI	Electromagnetic Interference	电磁干扰，指由于电磁传导或电磁辐射而影响电路的一种不希望的干扰，也称为射频干扰或 RFI
EPIRB	Emergency Position Indication Radio Beacon	紧急位置指示无线电信标。用于船只的海上遇险信标设备
EUROCAE	European Organization for CivilAviation Equipment	欧洲民航设备组织
FAA	Federal Aviation Administration	联邦航空管理局，负责航空器安全和监管的美国政府机构
FAR	Federal Aviation Regulations	联邦航空条例，管理美国飞机制造、认证、操作、维护、修理和改装的规则和条例
GEO	geostationary Earth orbit	静止地球轨道
GEOSAR	geostationary Earth orbit Search and Rescue system	静止地球轨道搜救系统
GNSS	Global Navigation Satellite System	全球导航卫星系统
G-Switch		G 电门，检测突然减速并用于自动激活 ELT 的速度开关，也可称为"碰撞传感器"

术语	全称	说明
ICAO	International Civil Aviation Organization	国际民用航空组织
ICSPA	International Cospas-Sarsat Programme Agreement	国际 COSPAS 搜寻与援救卫星计划的协定
IMO	International Maritime Organization	国际海事组织
ITDC		中国台湾地区 "台湾中华电信股份有限公司"
ITU	The International Telecommunication Union	国际电信联盟
KANNAD		ELT 制造厂家（品牌）
KIAS	Knots Indicated Airspeed	指示空速
Kts	knots per hour	节（海里/小时）
LED	Light Emitting Diode	发光二极管。指电流通过发光的半导体器件
LEO	low-altitude Earth orbit	低地球轨道
LEOSAR	low-altitude Earth orbit Search and Rescue system	低地球轨道搜救系统
LUT	Local Users Terminal	本地用户终端
MA600		西飞公司生产制造的国产运输机，新舟系列 MA600 型飞机
mm		毫米
MCC	Mission Control Centers	任务控制中心
MEO	medium-altitude Earth orbit	中地球轨道
MEOSAR	medium-altitude Earth orbit Search and Rescue system	地球轨道搜救系统。地球轨道搜救系统
MHz	Megahertz	兆赫（频率单位）
MIL	Military	美国军用标准，缩写后带有标准编号。例如，MIL-W-2828 表示电线规范，MIL-STD-2828 则表示标准
MOLEX		元件品牌
OFF		关闭，关机
ON		打开（开关）

术语	全称	说明
OWG	Operation working group	运行工作组
PLB	Personal Locator Beacon	个人定位信标设备
Programming Adapter		编码模块
Programming Dongle		编码模块
P/N	Part Number	件号，类似型号，由制造厂家编制，用于区别不同设计的零部件
RCP	Remote control panel （Remote Switch）	远距控制面板（远距开关）
RESET		复位，重置
Self-Test		自检
S/N	Serial Number	序号，由制造厂家编制，用来区别不同的零部件个体。一般情况下，件号加序号的组合可以确定一个唯一的零部件
SRR	search and rescue region	搜救区域
Plug		插头
RCC	Rescue Coordination Centers	救援协调中心
Receptacle		插座
RF	Radio Frequency	射频。构成无线电频谱的电磁辐射范围，对应于产生或检测无线电波的交流电信号的频率
RLSP	Return Link Service Provider	回链服务提供商
RTCA		航空无线电技术委员会，提出适航性建议的技术组织
SAR	Search and Rescue	搜索与救援
Service Loop		维修环，特意在电气连接处留出冗余的一段电线或电缆，其长度足以使接插头便于抽出足够的长度以便拆下或安装
SSAS	Ship Security Alert System	船舶安全警报系统
T/N	Tail Number	机尾号，航空器在民航局进行国籍登记时注册的机号

术语	全称	说明
Transmitter		发射机
TSO	Technical Standard Order	技术标准指令，TSO 是美国联邦航空管理局针对民用飞机上使用的指定材料、零件、工艺和设备发布的最低性能标准
TWG	Technical working group	技术工作组
V		电压（伏特）
VHF	Very High Frequency	甚高频，指 30～300 MHz 的无线电频段
VSWR	Voltage Standing Wave Ratio	电压驻波比，电气传输系统中发射和反射电压驻波之间的比值。较低的 VSWR 值意味着更高的能量传输效率和更好的信号质量
X-FEED BUS		飞机交输汇流条
无委办		无委办是国家各级无线电管理委员会办公室的简称，是国家各级无线电管理机构的办公室。民航局在中国民用航空飞行学院设立有无委办
运行人		指实际控制使用民用航空器实施飞行活动的单位或者个人，一般为航空器的所有权人，但当航空器所有权人将使用控制权委托给代管人时，该航空器的运行人为航空器代管人
运营人		指在中华人民共和国登记并按照涉及民航管理的规章审定获得批准，从事以营利为目的的民用航空飞行活动的公共航空运输企业和通用航空企业

［1］ Introduction to the COSPAS-SARSAT SYSTEM，C/S G.003 Issue 8 Nov 2022.

［2］ Specification for COSPAS-SARSAT 406 MHz Distress Beacons，C/S T.001 Issue 4–Revision 11，Oct 2023.

［3］ Cospas-Sarsat 406 MHz Distress Beacon Type Approval Standard，C/S T.007 Issue 5–Revision 10–Corr.1，Apr 2024.

［4］ Cospas-Sarsat 406 MHz Frequency Management Plan，C/S T.012 Issue 1–Revision 18，Oct 2023.

［5］ Cospas-Sarsat Specification and Type Approval Standard for 406 MHz Ship Security Alert System（SSAS）Beacons，C/S T.015 Issue 1 - Revision 1，Nov 2007.

［6］ Cospas-Sarsat System Beacon Specification and Design Guidelines，C/S T.022 Issue 2 - Revision 1，Oct 2023.

［7］ International Cospas-Sarsat Programme Agreement 及其中文版《国际科斯帕斯搜索救援卫星方案协定》，C/S P.001，Jul 1988.

［8］ List of States & Organizations Associated with or Contributing to the Cospas-Sarsat Programme，C/S P.010 Issue 1 - Revision 3，Aug 2024.

［9］ Declaration of Intent Between the Co-Operating Agencies of the International Cospas-Sarsat Programme and the Maritime Safety

Administration of the People's Republic of China for Co-Operation on the Cospas-Sarsat MEOSAR Satellite System 及其中文版《国际科斯帕斯搜索救援卫星计划合作机构与中华人民共和国海事局关于合作科斯帕斯搜索救援卫星 MEOSAR 卫星系统的意向声明》，C/S P.018，Nov 2022.

[10] CospasSarsat Data Distribution Plan，C/S A.001 Issue 8 - Revision 9，Apr 2024.

[11] 一般运行和飞行规则，CCAR-91-R4，中国民用航空局，2022-01-04.

[12] 中国民用航空无线电管理规定，CCAR-118TM，民航局空管办，1990-5-26.

[13] 中华人民共和国搜寻援救民用航空器规定，民航局令第 29 号，民航局政策法规司，1992-12-8。

[14] 民用航空机载应急示位发射机管理规定，MD-TM-2010-004，民航局飞标司，2010-8-13.

[15] 406MHz 应急定位发射器，CTSO-C126b，民航局，2015-6-12.

[16] Installation and Inspection Procedures for Emergency LocatorTransmitters and Receivers 及其中文版，AC 91-44A，FAA，Feb 01/2018.

[17] Acceptable Methods，Techniques，and Practices–Aircraft Alterations，AC 43.13-2B，FAA，Mar 03/2008

[18] Acceptable Methods，Techniques，and Practices - Aircraft Inspection and Repair，AC 43.13-1B，FAA，Sep 08/1998.

[19] ME406 Series Emergency Locator Transmitter Description，Operation，Installation and Maintenance Manual，570-1600 Rev.AE，ARTEX，MAY 28/2020.

[20] ELT 1000 Emergency Locator Transmitter Description，Operation，Installation and Maintenance Manual，Y1-03-0259 Rev.AA，ARTEX，Jan 15/2021.

[21] C406-1 Series Emergency Locator Transmitter Description，Operation，Installation and Maintenance Manual，570-5001 Rev.M，ARTEX，MAY 28/2020.

[22] C406-2 Series Emergency Locator Transmitter Description，Operation，Installation and Maintenance Manual，570-5000 Rev.U，ARTEX，MAY 28/2020.

[23] C406-N ／ ARTEX ELT C406-N HM Emergency Locator Transmitter Description，Operation，Installation and Maintenance Manual，570-5060 Rev.W，ARTEX，May 28/2020.

[24] DESCRIPTION，OPERATION，INSTALLATION AND MAINTENANCE MANUAL FOR THE SLB 406 ELT，570-6700 Rev.B，ARTEX，May 27/2011.

[25] MA600 飞机维修手册，25-61-20，西飞公司，2010-08-30.

[26] ELT to Navigation Interface Description，Operation，Installation and Maintenance Manual，570-4602 Rev.J，ARTEX，AUG 13/2014.

[27] INITIAL INSTALLATION MANUAL KANNAD 406 AF-COMPACT/AF-COMPACT（ER），DOC07089H Revision 07，KANNAD，AUG 20/2013。

[28] INITIAL INSTALLATION MANUAL AF INTEGRA ／ AF-H INTEGRA With built-in GPS and built-in back-up Antenna，DOC09081G Revision 06，KANNAD，SEP 03/2021.